Manjula Kola

O empreendedorismo das mulheres na segurança alimentar e nutricional das famílias

Manjula Kola

O empreendedorismo das mulheres na segurança alimentar e nutricional das famílias

ScienciaScripts

Cover image: www.ingimage.com

This book is a translation from the original published under ISBN 978-3-659-85330-2.

Publisher:
Sciencia Scripts
is a trademark of
Dodo Books Indian Ocean Ltd. and OmniScriptum S.R.L publishing group

120 High Road, East Finchley, London, N2 9ED, United Kingdom
Str. Armeneasca 28/1, office 1, Chisinau MD-2012, Republic of Moldova, Europe
Managing Directors: Ieva Konstantinova, Victoria Ursu
info@omniscriptum.com

Printed at: see last page
ISBN: 978-620-8-37470-9

ÍNDICE

DEDICADO

Para

O meu marido

Er. Ramamurthy Pagadala

E

O meu filho

Pruthvi Pagadala

O empreendedorismo das mulheres na segurança alimentar e nutricional das famílias

CAPÍTULO 1

INTRODUÇÃO

Oitocentos milhões de pessoas no mundo em desenvolvimento enfrentam atualmente insegurança alimentar e é provável que os desafios para satisfazer as suas necessidades alimentares e nutricionais se tornem maiores nos próximos anos. A segurança alimentar é frequentemente definida em termos de disponibilidade, acesso e utilização de alimentos (USAID 1995). A disponibilidade de alimentos é alcançada quando quantidades suficientes de alimentos estão consistentemente disponíveis para todos os indivíduos num país. Esses alimentos podem ser fornecidos através da produção doméstica, de outras produções nacionais, de importações comerciais ou de assistência alimentar. O acesso aos alimentos é assegurado quando os agregados familiares e todos os indivíduos dentro deles têm recursos adequados para obter alimentos apropriados para uma dieta nutricional. O acesso depende do rendimento disponível para o agregado familiar, da distribuição do rendimento dentro do agregado familiar e do preço dos alimentos. A utilização dos alimentos é o uso biológico correto dos alimentos, exigindo uma dieta que forneça energia suficiente e nutrientes essenciais, água potável e saneamento adequado. A utilização efectiva dos alimentos depende, em grande medida, dos conhecimentos do agregado familiar sobre técnicas de armazenamento e transformação de alimentos, princípios básicos de nutrição e cuidados adequados com as crianças.

As mulheres têm um papel fundamental na garantia de um melhor estado nutricional. Em todo o mundo, as mulheres são as principais garantes da nutrição, da segurança e da qualidade dos alimentos a nível doméstico e comunitário. São elas que frequentemente produzem, compram, manipulam, preparam e servem os alimentos para a família e são universalmente responsáveis pela preparação dos alimentos para as suas famílias e estão envolvidas em várias fases e etapas da transformação desses alimentos. Em muitas culturas e países, as mulheres são as principais responsáveis pelo fornecimento de alimentos - se não os produzirem, então ganham dinheiro para os comprar.

As mulheres constituem cinquenta por cento da população da Índia, sendo metade dos recursos humanos do país. Ultimamente, as mulheres alargaram a sua atividade da frente doméstica aos sectores formais e/ou não formais e acabaram por se tornar uma força económica a ter em conta. Nada pode ser mais complementar à capacidade das mulheres nos domínios ético, social e do desenvolvimento. A essencialidade das mulheres para qualquer aspeto do desenvolvimento não pode ser contestada, pois cada mulher é uma empresária nata. O espírito empresarial, definido como a capacidade de coordenar e organizar, gerir e manter e tirar o melhor partido mesmo das piores situações, não é novidade para as mulheres.

O "empreendedorismo" é um processo de criação de riqueza, um facto da vida muito antes de existirem palavras escritas; no entanto, não é particularmente notado na literatura económica clássica, nem lhe é atribuído um lugar como disciplina separada na comunidade académica.

A tendência emergente começou na década de 1950, quando algumas universidades no Japão e nos EUA iniciaram alguns cursos de gestão de pequenas empresas como disciplina opcional no currículo empresarial. Só nos anos 70, 80 e 90, como alternativa de carreira para os indivíduos e como solução para estimular e revitalizar a economia de uma nação, é que o empreendedorismo ganhou finalmente o seu lugar nas instituições de ensino superior, no governo e nos profissionais. Atualmente, em praticamente todos os cantos do mundo, o "Empreendedorismo" parece ter sido procurado como uma alternativa aos dois extremos da ideologia - o capitalismo, por um lado, e o socialismo (incluindo o comunismo), por outro. De facto, uma vez que o pensamento de que "o triunfo do capitalismo será o comunismo" ainda está presente na mente de muitas pessoas, o "empreendedorismo" parece ser a única solução sensata, não só para proporcionar ganhos financeiros ao indivíduo e acrescentar valor à sociedade, mas também como um método de atribuição de riqueza na economia de mercado com uma intervenção mínima do Governo.

Nas últimas duas décadas, muitos académicos tentaram encontrar palavras adequadas para descrever o que é o "espírito empresarial". Na opinião de Kao, uma descrição simples e adequada do empreendedorismo é a definição tripla de Stevenson;

- O empreendedorismo é um processo de mudança;
- O processo de empreendedorismo consiste em fazer tudo o que os outros estão a fazer, mas melhor;
- O empreendedorismo é a procura de oportunidades para além dos recursos sob o seu controlo atual.

O acima exposto não exclui "actividades criminosas, actividades com efeitos nocivos sobre a "Riqueza da Nação" e o suporte de vida das pessoas", pelo que é necessário alterar a definição de Stevenson da seguinte forma:

"O empreendedorismo é um processo de mudança, criando assim riqueza e acrescentando valor", (Kao, 1993).

O estatuto de qualquer grupo da população, especialmente das mulheres, na sociedade e na família, está intimamente ligado à sua posição económica. A independência económica é essencialmente uma condição prévia para melhorar o seu estatuto e, em última análise, para obter a libertação.

A razão para dar mais importância às mulheres é o facto de estas terem interesses especiais, como a saúde materna e infantil. Os pais também são pais e devem preocupar-se com estas questões. Mas são as mulheres que mais provavelmente assumem a responsabilidade quotidiana pela criação dos filhos e pela saúde ambiental do agregado familiar (Nagamani, 1990). Além disso, as mulheres pobres aprendem a poupar, a racionar os seus recursos limitados para satisfazer as exigências de várias frentes em casa, e aprendem a ser inovadoras na cozinha, no vestuário, etc. (Ramachandran, 1993).

Na sociedade indiana, as mulheres são tradicionalmente as responsáveis pela nutrição no agregado familiar, mas são geralmente afectadas pela subnutrição. As dimensões socioeconómica e sociocultural do tema "mulheres e nutrição" têm um duplo significado. As normas e práticas culturais e as situações socioeconómicas determinam até que ponto as mulheres são capazes de afetar a nutrição do agregado familiar em geral, e também desempenham um papel na determinação do estado nutricional das próprias mulheres. Estes dois aspectos podem ser considerados como duas faces da mesma moeda, uma vez que as mulheres são também membros dos agregados familiares onde adquirem, cozinham, consomem e armazenam alimentos e o seu estado nutricional faz também parte do perfil nutricional do agregado familiar (Chatterjee, 1985).

A melhoria nutricional depende principalmente da consciencialização, dos conhecimentos, das crenças alimentares e do rendimento da família. O emprego é a melhor e mais barata garantia para melhorar o estado nutricional das famílias. As ocupações subsidiárias e os projectos geradores de rendimento, como as unidades de produção em pequena escala e as instalações de formação, teriam de ser alargados para a criação de emprego adicional

(Krishnamurthy, 1986).

Na vida atual, mesmo que o marido esteja empregado, uma família nuclear pode não ser visível, a menos que a mulher também trabalhe. Na sociedade em mudança, as mulheres já não desempenham o seu velho papel tradicional de ficarem confinadas em casa. Desempenha múltiplos papéis, que vão desde a gravidez e a criação dos filhos até às tarefas domésticas, como mulher da casa e ganha-pão para manter a família. Existe um grande debate sobre as consequências do emprego materno para o estado de saúde da família. Desde a década das Nações Unidas para as mulheres e o programa que se lhe seguiu, tem havido alguma atenção ao estatuto das mulheres, na esperança de melhorar a sua situação (Bourne, 1986).

Quando as mulheres ganham e são autorizadas a gastar o dinheiro que ganham, este é normalmente gasto na alimentação e em medicamentos para a família, especialmente para os seus filhos (Gopaldas, 1986). Helmick (1978) comentou que as mulheres podem determinar, em grande medida, o consumo alimentar da família. Annan (1980) referiu que 75 por cento das mães eram as únicas responsáveis pela decisão sobre os alimentos a comprar para as suas famílias em África. Além disso, um número significativo de mulheres contribui para a maior parte do rendimento da sua família. Uma vez que a maior parte das actividades como a produção, a transformação, a armazenagem, a venda, a compra e a preparação dos alimentos são realizadas pelas mulheres, o seu papel na melhoria da nutrição familiar, em particular, e da nutrição comunitária, em geral, não pode ser ignorado (Vijayalakshmi, 1991).

Reconhece-se que as medidas tomadas para combater o mau estado nutricional e de saúde das mulheres na Índia têm sido grosseiramente inadequadas, especialmente no que respeita às mulheres carenciadas. O rendimento das mulheres pode ser um fator determinante importante para influenciar o estado nutricional e de saúde da família (Shatrugna et al., 1993). Este facto foi geralmente observado em famílias de estratos de rendimento baixo e médio-baixo. Quanto mais elevado é o estatuto socioeconómico de uma mulher, mais baixa é a sua pontuação em termos de deficiências nutricionais. Obviamente, a melhoria do estatuto socioeconómico das mulheres melhoraria o seu estado nutricional (Jesudas e Chatterjee, 1980). A única saída para manter ou aumentar a taxa de crescimento económico é incentivar as actividades empresariais das mulheres (Nayak, 1992). Por conseguinte, os recursos económicos de uma mulher comum, embora limitados, têm de ser habilmente utilizados para obter o máximo benefício para as famílias.

Recentemente, abriram-se novas vias de emprego e de trabalho por conta própria para as mulheres (Rani, 1992). A criação de rendimentos por parte das mulheres empresárias tem por objetivo alterar o nível de vida atual das famílias em termos de melhoria das condições de alimentação, nutrição, saúde, etc. Inicialmente, pode ajudar a quebrar o ciclo vicioso da subnutrição na comunidade (Gopalan, 1993). A melhoria do estado nutricional e de saúde facilita definitivamente uma maior energia e vigor para que as mulheres sejam mais empreendedoras no seu trabalho (Ramachandran, 1993). É neste contexto que o presente estudo foi realizado para examinar o impacto do espírito empresarial das mulheres no estado nutricional e de saúde da família, com os seguintes objectivos

OBJECTIVOS GERAIS E ESPECÍFICOS

Geral

Estudar o impacto do empreendedorismo feminino no estado nutricional e de saúde da família.

Objectivos específicos

- Estudar as alterações na seleção alimentar das mulheres.
- Identificar as alterações na ingestão de alimentos e na variedade da dieta da família.
- Examinar as mudanças nas práticas culinárias seguidas pelas mulheres na família.
- Observar as mudanças na ocorrência de doenças e na prevalência dessas doenças.
- Analisar o grau de utilização dos serviços de saúde e outros.

HIPÓTESE

- Testar a diferença significativa entre os consumos alimentares médios das mulheres pertencentes a 3 grupos diferentes de inquiridos e as doses recomendadas.
- Testar a diferença significativa entre as práticas culinárias de 3 grupos diferentes. Para o efeito, foram atribuídas pontuações ao tipo de práticas culinárias seguidas por 3 grupos de mulheres.
- Testar as diferenças significativas entre a ocorrência de doenças e a observação de sintomas clínicos em 3 grupos diferentes. Isto também foi feito através da atribuição de pontuações às doenças e aos sintomas de deficiência nutricional.

CAPÍTULO 2

REVISÃO DA LITERATURA

Nos últimos anos, as mulheres passaram de esposas e mães a participantes no trabalho externo que as afasta dos seus lares e das suas actividades e tornaram-se uma força económica a ter em conta, e um número significativo delas contribui com uma parte importante do rendimento da sua família. Considera-se que a saúde e o estado nutricional das mulheres estão relacionados com o seu estatuto económico, tanto a nível do agregado familiar como a nível regional. Foram realizados numerosos estudos e inquéritos sobre vários aspectos da vida das mulheres no que se refere às suas condições de trabalho, ingestão de alimentos, estado de saúde, etc. A informação disponível sobre o espírito empresarial, a nutrição e o estado de saúde das mulheres foi analisada e apresentada sob os seguintes títulos;

2.1. Empreendedorismo feminino

2.2. Estado socioeconómico e nutricional

2.3. Geração de renda e vida familiar das mulheres

2.4. Padrão de despesas alimentares

2.5. Padrão de consumo alimentar

2.6. As mulheres e o seu estado nutricional e de saúde

2.7. Educação e conhecimentos nutricionais das mulheres

2.8. Tipo de sistema familiar e estado nutricional

2.9. A profissão das mulheres e o seu estado nutricional

2.1. Empreendedorismo feminino

A investigação sobre as mulheres empresárias e o espírito empresarial é uma realidade virtual. Há muito poucos registos de investigação científica nesta área. A enciclopédia (Kent, 1982), que refere um total de 592 estudos/documentos sobre o espírito empresarial, registou apenas 5 estudos sobre mulheres empresárias. A escassez de literatura de investigação sobre as mulheres empresárias é tão grave. O problema é ainda agravado pela proporção minúscula de mulheres empresárias em comparação com os seus homólogos masculinos. Num estudo anterior sobre 102 empresários de zonas industriais no Estado de Maharashtra, cuja capital é a cidade de Bombaim, só foi possível entrevistar 2 mulheres. Como é evidente, este facto levanta problemas na obtenção de amostras representativas. Gazdar, no seu estudo sobre as mulheres empresárias na Índia - o seu estatuto e contributos, referiu que a maioria das mulheres não sente qualquer stress no seu duplo papel de dona de casa e empresária. Há mulheres que obtêm apoio da família para lidar com o stress ou que criaram outros mecanismos eficazes para o enfrentar.

Uma vez que as mulheres empresárias têm vindo a emergir como uma força formidável no mundo dos negócios nas últimas décadas e a sua contribuição para o bem-estar económico do país tem sido cada vez mais significativa, consideram-se necessários estudos sobre a sua motivação, problemas e outras questões comportamentais. O presente artigo procura, pois, dar uma ideia das questões pertinentes para as mulheres empresárias, na esperança de que os decisores políticos e as partes interessadas prestem a assistência e o apoio necessários ao desenvolvimento do empreendedorismo feminino em Singapura. Enquanto se esforçam por manter o equilíbrio entre as suas carreiras profissionais e as suas responsabilidades familiares, as mulheres empresárias necessitam de mais assistência e incentivo de várias fontes, especialmente dos seus cônjuges. Um ambiente verdadeiramente propício ao desenvolvimento do espírito empresarial das mulheres é aquele que está isento de preconceitos e discriminações e que oferece oportunidades e recursos iguais para que elas se completem com os seus homólogos masculinos em pé de igualdade (Lee, 1991).

Os anos 90 serão a década mais exigente para a comunidade empresarial. O processo de desenvolvimento tem um significado profundo para as mulheres. A única saída para manter ou aumentar a taxa de crescimento económico é incentivar as actividades empresariais das mulheres. Os exemplos existentes sobre mulheres empresárias confirmam que as mulheres atingiram uma fase crítica em praticamente todas as profissões de colarinho branco, especialmente nas actividades relacionadas com os negócios (Nayak, 1992).

O papel das mulheres enquanto detentoras de rendimentos não é uma evolução recente. Inicialmente, o papel económico das mulheres estava essencialmente confinado à frente doméstica e aos sectores informais. Atualmente, as mulheres enfrentam novos desafios para assumir ou partilhar as responsabilidades financeiras da família. O Governo da Índia, tendo-se apercebido desta necessidade, envidou esforços para facilitar e desenvolver o espírito empresarial feminino (Rani, 1992). A fim de compreender a dinâmica do empreendedorismo feminino, foi sugerida uma abordagem multidimensional (Pareek e Nadkarni, 1992). Esta abordagem reconhece o espírito empresarial feminino como uma função de quatro sistemas:

o próprio, o social, o de recursos e o de apoio. Uma mulher é um indivíduo que assume o papel desafiante de empresária e se adapta aos outros sistemas da sociedade. Foram apresentados dois casos de empreendedorismo feminino em Tirupati e foi desenvolvido um modelo concetual para compreender a natureza do empreendedorismo feminino. Além disso, foram analisados vários modelos de formação em empreendedorismo feminino e, por fim, foi desenvolvido um módulo funcional para promover o potencial empreendedorismo feminino. O módulo consiste em três fases: autoavaliação, definição de objectivos e tomada de decisões. A eficácia do módulo foi estabelecida através de um programa de formação de seis meses em Tirupati. Esta aprendizagem experimental sistemática foi proposta para ajudar os formadores a organizar os programas de formação em empreendedorismo funcional (Chandralekha, et al., 1993).

Badlani (1993), no seu estudo, afirma que o espírito empresarial está relacionado com a função de criar algo novo, organizar e coordenar, assumir riscos e lidar com a incerteza. É melhor descrito como uma resposta inovadora e criativa à sociedade e ao ambiente. Conduz diretamente ao desenvolvimento. O desenvolvimento está relacionado com métodos mais eficientes e diferenciados de fornecer às pessoas as necessidades de sobrevivência e de melhoria de vida. É um movimento ascendente de todo o sistema social. É a melhoria das atitudes, o aumento da produtividade e a equalização sócio-económica. Significa melhor alimentação, educação inovadora, saúde sadia, condições de vida confortáveis com ampla gama de oportunidades de trabalho e lazer.

Gaur e Badlani, (1993) afirmam que um empresário tem de perceber o valor distinto de um produto numa sociedade, a sua procura crescente e as mudanças sociais, económicas e tecnológicas. Um empresário tem de sistematizar a informação de mercado disponível e o processo técnico da operação de fornecimento de bens ou serviços. Os empresários mudam ou transmitem valores. Têm de encarar a mudança como normal e saudável. Têm de procurar mudanças, ver oportunidades e responder explorando-as.

2.2. Estado socioeconómico e nutricional

Thimmayamma et al., (1973) estudaram o efeito das diferenças socioeconómicas na ingestão alimentar da população urbana de Hyderabad e concluíram que um aumento do nível de rendimento tem um impacto na qualidade e na quantidade dos regimes alimentares das famílias.

Valerio et al., (1975) estudaram a relação entre a ingestão de nutrientes e o custo dos alimentos em 1503 agregados familiares nas Visayas Ocidental, Oriental e Central. O custo médio diário dos alimentos por pessoa em cada uma das três regiões foi estudado para as famílias urbanas e rurais, que foram divididas de acordo com o custo dos alimentos, e também foi estudado o custo dos alimentos para diferentes grupos de alimentos. Concluíram que parece haver uma relação direta entre a ingestão de nutrientes e o custo dos alimentos.

A pobreza, causada por numerosas componentes sociais, económicas e individuais, é uma das principais razões da desnutrição generalizada na Índia (Devadas, 1977).

Mitra (1979) referiu que, apesar das leis e das constituições, as mulheres indianas não tinham conseguido melhorar o seu estatuto porque tinham perdido a sua posição relativa no mercado de trabalho. Apesar de os rendimentos salariais contribuírem para o rendimento familiar, este facto também contribuiria para melhorar o estatuto das mulheres.

Benerjee (1982), no seu estudo sobre as mulheres trabalhadoras não organizadas, referiu que, para melhorar o estatuto das mulheres, uma receita geral é aumentar as suas oportunidades de participação na força de trabalho. A sua independência económica faz com que os homens reconheçam os seus direitos como iguais.

Chaterjee (1986) estudou as influências socioeconómicas sobre o estado nutricional das mulheres e concluiu que as situações socioeconómicas determinam em que medida as mulheres são capazes de afetar a nutrição dos agregados familiares em geral e desempenham um papel na determinação do estado nutricional das próprias mulheres.

Brahman, et al., (1989) observaram que a dieta e o estado nutricional dos grupos da população urbana apresentavam uma clara tendência socioeconómica, com o grupo de rendimento elevado a apresentar um nível mais elevado de consumo de nutrientes e um melhor estado nutricional do que os outros grupos que registavam o valor mais baixo.

2.3. Geração de renda e vida familiar das mulheres

Krishnamurty, (1986) referiu que a melhoria nutricional depende principalmente da consciencialização, dos conhecimentos e dos rendimentos da família. O emprego é a melhor e mais barata garantia para melhorar o estado nutricional das famílias. As ocupações subsidiárias e os projectos geradores de rendimento, como as unidades de produção em pequena escala e as instalações de formação, teriam de ser alargados para a criação de emprego adicional.

Saila Kumar, et al., (1990) efectuaram um estudo comparativo da ingestão de alimentos e nutrientes e do estado nutricional de famílias com e sem rendimento suplementar. O tamanho total da amostra é de 120 famílias, das quais 60 famílias com rendimento suplementar das mulheres (grupo experimental) e 60 sem rendimento suplementar das mulheres (grupo de controlo). Os resultados indicaram que as despesas com todos os produtos alimentares, exceto cereais e painço, eram significativamente mais elevadas no grupo experimental do que no grupo de controlo. Não foram encontradas diferenças significativas nas medidas antropométricas entre os adultos dos grupos de controlo e experimental.

Vijayalakshmi, (1991) compilou uma série de estudos sobre o impacto da geração de rendimentos pelas mulheres na melhoria da vida familiar, efectuados no Sri Avinashilingam Institute for Home Science and Higher Education for Women. O estudo incluiu mulheres que exerciam uma atividade remunerada e outras que não exerciam. Foram avaliados os efeitos da geração de rendimentos pelas mulheres no padrão de vida familiar no que respeita às despesas, ao estado nutricional e de saúde e à ingestão de alimentos e nutrientes.

Concluiu que a geração de rendimentos por parte das mulheres, juntamente com outras infra-estruturas, serve definitivamente como fator de motivação para uma melhor ingestão de nutrientes para elas próprias e para as suas famílias e resulta em práticas de saúde admiráveis, na adoção de métodos de cozinha desejáveis e numa vida familiar melhor. A utilização adequada do dinheiro, a gestão dos recursos, a motivação para um nível de vida mais elevado, o desenvolvimento de recursos adequados e a sua distribuição, a recetividade a novos modos de vida, as responsabilidades para com as comunidades e a adoção de famílias de pequena dimensão são outros resultados do facto de as mulheres terem um emprego remunerado. Uma vida familiar melhor poderia ser garantida à comunidade se a geração de rendimentos pelas mulheres fosse também apoiada por uma melhoria adequada da educação, da saúde e da nutrição das mulheres, acompanhada de um desenvolvimento social sólido.

2.4. Padrão de despesas alimentares

O poder de compra é obviamente um fator determinante da ingestão de alimentos. Os hábitos alimentares das pessoas dependem da disponibilidade de alimentos. A disponibilidade de alimentos é influenciada pelo ambiente climático, social, económico e cultural.

Achaya e Rajamitra, (1974) referiram que as famílias com baixos rendimentos dão maior importância à alimentação.

Rao, (1978) efectuou um estudo sobre pessoas com baixos rendimentos e mostrou que as despesas com alimentos efectuadas pelas famílias da amostra eram significativamente mais elevadas do que as despesas com produtos não alimentares, sendo que, neste caso, as despesas com alimentos representavam, por si só, 67% das despesas totais. Foi revelado que as despesas com cereais e substitutos de cereais ocupavam quase 48% do total das despesas alimentares. As despesas com legumes ocupavam 11 por cento do total das despesas alimentares.

Devadas (1986) realizou um inquérito sobre o padrão de despesas das famílias com baixos rendimentos e concluiu que 90% do seu rendimento familiar é gasto em alimentos, sem incluir o combustível. Os alimentos de base, nomeadamente o arroz e outros painços, dominavam o padrão das despesas alimentares. As despesas baseavam-se no salário recebido.

2.5. Padrão de consumo alimentar

Achaya e Rajamitra, (1974) efectuaram um inquérito a 7000 agregados familiares nos quatro grandes estados do sul: Andhra Pradesh, Kerala, Mysore e Tamil Nadu. Os resultados mostraram que o consumo diário de cereais era muito próximo de 420 gramas por habitante. O consumo de óleo em todo o lado era muito baixo, situando-se entre 10 e 20 gramas por dia, enquanto o consumo de leite e produtos lácteos se situava entre 40 e 60 gramas. O consumo de legumes de folha verde e de outros legumes era extremamente baixo, sendo os valores mais elevados de 12 g e 20 g, respetivamente.

Os relatórios do NNMB (1981) mostraram que os cereais predominam na dieta das mulheres, independentemente do seu estatuto socioeconómico, tanto nas zonas urbanas como nas rurais. As caraterísticas comuns das dietas dos grupos de baixo rendimento, tanto nas zonas urbanas como nos bairros de lata e nas zonas rurais, são o baixo consumo de alimentos protectores como leguminosas, vegetais de folha e outros vegetais, frutas, leite, óleos e gorduras e alimentos à base de carne, incluindo peixe. A ingestão destes alimentos é, no entanto, bastante satisfatória entre os grupos urbanos de rendimento elevado e médio, mas cai drasticamente e diminui ainda mais à medida que se passa dos grupos de rendimento elevado e médio e de baixo rendimento para a população rural e dos bairros de lata.

Lalchand, et al., (1983) ao relatarem os resultados de um inquérito exploratório sobre o padrão de consumo das pessoas com baixos rendimentos em Jabalpure, descobriram que o consumo de alimentos de alta qualidade era baixo nos grupos com baixos rendimentos.

Thimmayamma, (1983) estudou os padrões de consumo de condimentos e especiarias por famílias urbanas e rurais e afirmou que, especialmente nas zonas urbanas, as pessoas pertencentes a grupos com rendimentos elevados pareciam consumir uma maior variedade e quantidade de especiarias e condimentos. Entre todas as famílias com baixos rendimentos, observou-se que 55% dependiam apenas de malaguetas secas/verdes, tamarindo, sal, curcuma e apenas dezassete por cento utilizavam ocasionalmente especiarias e condimentos.

Ramachander et al., (1983) estudaram o padrão de consumo de produtos hortícolas pela classe assalariada na Índia, uma vez que os produtos hortícolas desempenham um papel importante na dieta dos indivíduos, fornecendo-lhes os ingredientes essenciais necessários para uma boa manutenção. Os resultados mostraram que, contra a ingestão alimentar recomendada de 235 gm per capita, apenas 142 gms de legumes são consumidos por um indiano médio. O estudo revelou que não se registaram diferenças no consumo de vários produtos hortícolas entre as populações das zonas rurais e urbanas. Verifica-se também que é comum observar preferências no consumo de diferentes produtos hortícolas por pessoas de diferentes grupos de rendimento.

Pushpamma et al. (1983) estudaram o padrão de consumo de leguminosas alimentares de 1500 famílias de diferentes grupos económicos baixos em Andhra Pradesh. A leguminosa de grão mais frequentemente consumida era o dhal de grama vermelha, consumida diariamente por 30%, 2 ou 3 vezes por semana por 38%, uma vez por semana por 23% e 20% nunca a consumiam. A grama verde e a grama de Bengala eram consumidas cerca de 4 vezes por semana por 7%, 7 vezes por semana por 42% e nunca por 23%. Assim, a disponibilidade de leguminosas no grupo económico baixo de Andhra Pradesh era muito inferior às doses recomendadas.

Thimmayamma e Jyothi Moye, (1983) registaram as condições socioeconómicas e os consumos alimentares de mulheres trabalhadoras e não trabalhadoras e concluíram que ambas as mulheres estavam muito abaixo das suas necessidades, não tendo sido observadas diferenças entre os consumos das mulheres trabalhadoras e não trabalhadoras. Observou-se um baixo consumo de vegetais de folha verde, de leite e de cereais tanto nas mulheres que trabalham como nas que não trabalham.

Kondaiah (1986) efectuou um inquérito sobre as despesas alimentares dos grupos de baixos rendimentos em Assam e revelou que a maioria das famílias de baixos rendimentos não podia dar-se ao luxo de consumir leite e produtos lácteos. A carne, os ovos e o peixe ocupavam 11% do seu consumo total.

Os relatórios anuais do NIN (1988-89) indicam que, no que respeita ao consumo de leguminosas no país, as leguminosas mais consumidas são a grama vermelha, a grama de Bengala, a grama preta e a grama verde. O consumo médio de leguminosas varia entre 57 gms no grupo com rendimentos mais elevados e 32 gms na população dos bairros degradados urbanos, em comparação com os níveis recomendados de 40 gms de leguminosas num regime alimentar equilibrado. A ingestão nos grupos com rendimentos pobres é baixa na Índia. O défice é de cerca de 20% de grama vermelha, que constitui cerca de 50% do total de leguminosas consumidas. Os restantes 50% são partilhados pelos outros tipos de leguminosas.

Pushpamma, et al. (1990) estudaram o padrão de consumo de legumes e frutas em Andhra Pradesh e relataram que 90% das famílias não incluíam legumes de folhas ou raízes e a ingestão de legumes também era baixa. Apenas 50% comiam diariamente legumes sem folhas. Os frutos não faziam parte da sua dieta, mas eram consumidos quando disponíveis localmente. A fruta mais consumida é a banana e os legumes são o feijão, a batata, o brinjal e o amaranto.

2.6. As mulheres e o seu estado nutricional e de saúde

As mulheres são os sectores mais ignorados da população. Existe um vasto leque de disparidades entre homens e mulheres. A negligência da saúde das mulheres está claramente relacionada com o seu estatuto inferior na sociedade indiana.

Chowdary (1968) afirma, no seu estudo sobre a nutrição na Índia, que a maioria das mulheres trabalhadoras tinha menos resistência às doenças transmissíveis, o que se devia à sua negligência e menor preocupação com a alimentação e os cuidados de saúde.

Krishna Das, (1980) afirmou que 5,60% da população aparentemente saudável do sul de Kerala era anémica segundo os padrões aceites. O nível médio de hemoglobina encontrado em mulheres saudáveis variava entre 10,2 e 15 gm por cento no sexo feminino. Os resultados mostraram que a maioria dos casos de anemia se deve mais a uma inadequação nutricional do que a outros factores.

Devido à invisibilidade do seu contributo económico, as mulheres são menos cuidadas, menos protegidas e os cuidados médicos são geralmente adiados. As mulheres trabalhadoras são duplamente sobrecarregadas com trabalho remunerado e doméstico. Os dados clínicos, antropométricos e dietéticos indicavam que a maioria delas estava subnutrida (Khan et al., 1984).

A disparidade no que respeita à saúde e ao estado nutricional entre as mulheres que vivem bem e as mulheres pobres do país é muito maior do que a existente entre os homens e as mulheres pobres (Gopalan, 1985).

A subnutrição, portanto, não é causada por um único fator físico, mas tem etiologia múltipla, muitas vezes ligada a condições de desigualdade de recursos, pobreza e discriminação social. Embora o corpo humano tenha a capacidade de se adaptar a um leque bastante alargado de situações alimentares, quando esta capacidade de adaptação é esticada para além dos seus limites, o corpo não consegue manter as suas potencialidades funcionais, o que conduz à subnutrição (Pacey e Payne, 1985).

Apesar de a esperança de vida das mulheres indianas ter aumentado mais de 20 anos e de a mortalidade infantil feminina ter diminuído nos últimos 40 anos, havia poucos indícios de melhorias substanciais na saúde e no estado nutricional das sobreviventes (Gopalan, 1989).

Gopalan, (1991) referiu que a erradicação da subnutrição só pode ser alcançada através do desenvolvimento socioeconómico e da erradicação da pobreza. A ciência da nutrição pode dar importantes contributos práticos não só para a compreensão da patogénese e da magnitude de problemas nutricionais específicos, mas, mais importante ainda, para a identificação do método adequado e mais rentável para a sua prevenção e controlo.

Vinodini Reddy, (1991) realizou um estudo sobre a carência de vitamina A, a morbilidade e a mortalidade e concluiu que a relação entre a carência de vitamina A e a morbilidade pode variar em diferentes regiões, dependendo do padrão de morbilidade, das caraterísticas socioeconómicas, da alimentação e das práticas de cuidados de saúde. A prevenção da cegueira é razão suficiente para reforçar o programa de suplementação de vitamina A em curso e, em combinação com outros serviços de cuidados de saúde, pode esperar-se que tenha um melhor impacto na saúde infantil. A erradicação da falta de saúde e da subnutrição, bem como a redução em larga escala, visam a eliminação de várias limitações socioeconómicas e ambientais e a melhoria dos serviços de cuidados de saúde.

Inquéritos repetidos na Índia mostraram que, desde os anos setenta, se registou uma redução significativa na proporção de crianças rurais em idade pré-escolar com subnutrição grave e moderada, o que indica uma melhoria do seu estado nutricional (Rao, et al., 1991).

Rameswari Sarma e Prahlad Rao, (1992) apresentaram um trabalho no Seminário Nacional sobre "Melhoria da Saúde Comunitária e Planeamento Familiar", realizado no Mahatma Gandhi Institute of Medical Sciences, Sevagram, Wardha. O estudo revelou que a incidência de baixo peso à nascença era mais elevada nos grupos com baixos rendimentos do que nos grupos com rendimentos mais elevados. Foram identificados vários factores como factores de risco. Estes incluem a idade materna, o peso, a altura, a paridade, a literacia, o rendimento, as infecções e as complicações relacionadas com a gravidez. Mesmo nos grupos com baixos rendimentos, é evidente um aumento gradual do peso à nascença com o aumento dos rendimentos, sendo a diferença de 100-150 gms entre os mais pobres e os menos pobres.

Shatrugna et al. (1993), no seu estudo sobre o trabalho das mulheres e as implicações para a saúde, afirmaram que a resposta ao mau estado de saúde das mulheres na Índia tem sido inadequada. A análise dos macrodados sugere que, para além da literacia, o rendimento das mulheres pode ser um fator determinante do seu estado de saúde. Por conseguinte, foi efectuado um estudo para explorar a relação entre o trabalho das mulheres, o rendimento e a utilização dos serviços de saúde por parte das mulheres. Foram recrutadas para este estudo mulheres de um grande bairro de lata urbano que trabalham no sector não organizado. O seu padrão de morbilidade, a utilização dos serviços de saúde, as despesas com a saúde e os padrões de trabalho foram investigados durante um período de 12 meses. Os resultados mostraram que o trabalho das mulheres para obter rendimentos resultou num aumento da morbilidade das mulheres. Estas eram problemas ginecológicos, dores de costas, infecções do trato respiratório superior, etc. No entanto, exceto no caso das febres, em que os serviços privados foram utilizados em mais de 70% dos casos, e dos hospitais públicos, que eram populares para os cuidados pré-natais (88%), mais de 60% das doenças das mulheres não receberam quaisquer cuidados de saúde. A razão para este facto pode ser a inadequação do sistema de cuidados de saúde modernos. Há provas conclusivas de que a doença das mulheres e outros problemas relacionados com o trabalho não são reconhecidos e, muitas vezes, não são diagnosticados. Além disso, são necessárias mudanças nas esferas socioeconómica e cultural para que o tratamento destes problemas seja bem sucedido. Uma vez que o sistema de saúde é maioritariamente curativo, os problemas das mulheres têm recebido um tratamento irregular, dispendioso e sintomático. Na ausência de seguros de saúde e de legislação laboral no sector não organizado, os baixos níveis de rendimento são inadequados para os cuidados curativos dispendiosos, que podem, na melhor das hipóteses, ser sintomáticos. Por conseguinte, este estudo sugere que, com as novas políticas económicas, em que um grande número de mulheres estará empregado nos sectores não organizado e independente, se não houver um aumento da despesa pública com cuidados curativos e preventivos, existe o perigo de o estado de saúde das mulheres se deteriorar ainda mais.

2.7. Educação e conhecimentos nutricionais das mulheres

A consciência das mulheres em relação aos conhecimentos nutricionais depende da idade, da educação, do estatuto económico, do emprego e de vários outros factores.

Numa nação em vias de desenvolvimento como a Índia, para além da falta de alimentos disponíveis, numerosas crenças restringem ainda mais a ingestão de nutrientes por parte dessa população (Katone e Apte, 1977).

Os diferentes níveis de escolaridade afectam profundamente a capacidade de as mulheres sustentarem as suas famílias e de prestarem uma nutrição e cuidados de saúde eficazes. Num estudo realizado no sul da Índia, Cald Well (1979) verificou que os maiores diferenciais na mortalidade infantil se verificavam em função da escolaridade da mãe, com um nível de 130/1000 nados-vivos, quando a mãe não tinha frequentado a escola, 80/1000 nados-vivos quando tinha apenas o ensino primário e 70/1000 nados-vivos quando tinha o ensino secundário.

Uma parte dos problemas nutricionais das crianças indianas deve-se à ignorância das mães quanto ao tipo de alimentos a dar, ao conhecimento de uma dieta equilibrada, etc. (Dandekar, 1973). Devido à ignorância das mães no que respeita aos cuidados alimentares adequados para a criança, a subnutrição prevalecia nas crianças (Shantighosh, 1981).

Com o aumento do nível de instrução das mulheres, observou-se um aumento do consumo de leite, produtos lácteos, legumes e frutas nas refeições (Narojek et al., 1981). Por conseguinte, há provas de que a literacia e o nível de educação materna têm um maior impacto benéfico na saúde e no estado nutricional das mulheres e das crianças em ambientes empobrecidos, em comparação com os mais abastados (Madones, 1984 e Palloni, 1981).

Um estudo realizado por Gayatrichand et al. (1988) sobre a perceção dos funcionários do ICDS e o seu papel na angariação do apoio das pessoas refere que a contribuição das pessoas para o programa foi menor, principalmente devido à falta de sensibilização, à iliteracia, à falta de fé e de interesse pelo programa. Além disso, os funcionários tentaram obter o apoio da população tanto a nível de bloco como de anganwadi nas zonas rurais e urbanas.

Gopalan, (1991) afirmou que a literacia feminina é o indicador mais importante do desenvolvimento social de uma comunidade. Aparentemente, a literacia feminina é a chave para o êxito dos programas de saúde, nutrição, planeamento familiar e educação em todas as sociedades em desenvolvimento. Nos grupos mais pobres, onde a pobreza, a fome e a subnutrição são os principais problemas, a literacia feminina é, de facto, muito inferior à média nacional.

2.8. Tipo de sistema familiar e estado nutricional

O tipo de sistema familiar influencia o estado nutricional dos indivíduos.

NIN, (1980) efectuou um estudo sobre 394 famílias no estado de Andhra Pradesh. Cerca de 75 por cento das famílias inquiridas eram famílias nucleares. O consumo médio de proteínas e calorias a nível familiar era significativamente mais elevado nas famílias conjuntas do que nas famílias nucleares. Foram observadas diferenças significativas nos níveis de consumo de proteínas e de calorias em termos de adequação (70% da DDR) entre as famílias mistas que consumiam uma quantidade adequada de proteínas e de calorias, mais do que as famílias nucleares.

2.9. A profissão das mulheres e o seu estado nutricional

Rogers (1980) afirma que as mulheres não só trabalham mais horas, como também efectuam trabalhos extenuantes e fastidiosos que os homens não gostam de fazer. Grande parte do trabalho das mulheres permanece invisível e não é compensado. As agências de desenvolvimento ignoram-nas porque não são consideradas chefes de família e os empregadores pagam-lhes salários baixos porque são trabalhadores suplementares, apesar do facto de a maioria das mulheres trabalhar para a sobrevivência da família. Calcula-se que 18 a 30 por cento das famílias são sustentadas exclusivamente por mulheres. Em muitas outras, a contribuição das mulheres para as suas famílias é substancial.

Gulati, (1982) afirma que existem algumas provas de que o emprego das mulheres tem o potencial de beneficiar a nutrição familiar através do aumento do rendimento familiar. A autora descobriu que a adequação nutricional diária em agregados familiares de trabalhadores agrícolas em Kerala estava mais relacionada com o emprego das mulheres do que com o emprego dos homens. Calculou que, nos dias em que o chefe de família e a sua mulher estavam empregados, as suas carências em termos de calorias eram de 11% e 20%, respetivamente. Enquanto que nos dias em que as mulheres estavam desempregadas, as carências aumentavam para 26 e 50%.

Roserzweig e Schultz (1982), ao estudarem a participação das mulheres no regime de garantia de emprego de Maharashtra, referiram que o estado nutricional das crianças era melhor quando as mulheres recebiam pagamentos em dinheiro ou em espécie. Por outro lado, existem algumas provas de que os rendimentos das mulheres são gastos preferencialmente em bens e serviços que melhoram a saúde das crianças, o que implicaria que tanto o poder de decisão das mulheres como os bens e serviços relacionados com a saúde do agregado familiar.

Mencher e Saradamoni (1982) afirmam que, nas famílias pobres, as mulheres têm de trabalhar porque os homens não podem fazer face às despesas do agregado familiar, o que é significativo devido à consequente falta de escolha que as famílias pobres têm. Entre os pobres, em particular, o acréscimo à nutrição do agregado familiar possibilitado pelo emprego das mulheres pode não compensar totalmente os efeitos prejudiciais da ausência das mulheres em casa ou da alimentação e cuidados dos filhos.

Subha Kumar, (1986) encontrou uma forte associação entre a nutrição infantil e o rendimento da mãe e nenhuma associação com o rendimento do pai entre os agregados familiares com baixos rendimentos. As crianças do sexo feminino eram particularmente dependentes do salário da mãe.

Chatterjee, (1986) afirmou que as mulheres são fornecedoras de nutrição aos seus agregados familiares de duas formas distintas. Em primeiro lugar, são instrumentais na aquisição de alimentos através do trabalho, quer na exploração agrícola familiar, quer como assalariadas no sector agrícola ou em ocupações não agrícolas. Em segundo lugar, preparam os alimentos para consumo. Assim, as dimensões sociais/económicas/culturais mais importantes que afectam o fornecimento de nutrição às mulheres são, por um lado, o emprego das mulheres e o seu poder de decisão, a disposição dos seus rendimentos e, por outro, a sua capacidade de cozinhar e servir quantidades adequadas de alimentos a cada um dos membros do agregado familiar, o que inclui os seus conhecimentos nutricionais e a sua autonomia na tomada de decisões na cozinha.

A expansão geral da participação das mulheres na força de trabalho ocorreu apesar das condições de trabalho constantemente más e dos baixos salários oferecidos às mulheres pelo trabalho no sector informal (Majumdar, 1990).

CAPÍTULO 3

METODOLOGIA

O estado nutricional das mulheres representa o nível nutricional da comunidade, porque é a sua saúde e o seu nível de educação que determinarão, em grande medida, a saúde e a produtividade da geração futura em ambos os sectores. No entanto, as mulheres são o segmento mais negligenciado e carenciado em termos nutricionais da sociedade indiana.

As mulheres são os grupos vulneráveis que estão sujeitos a uma posição subordinada em todos os aspectos da sua vida, quando comparadas com os homens, mesmo quando ocupam diferentes categorias de profissões. Até há pouco tempo, muitos trabalhos de investigação no domínio da nutrição realizados sobre as mulheres ignoravam as mulheres empregadas. O presente estudo teve como objetivo avaliar o "Impacto do empreendedorismo feminino no estado nutricional e de saúde da família".

3.1. Seleção da área

Tirupati não é apenas um local de peregrinação, mas também um local de educação, de negócios e também de indústrias e organizações de voluntariado. Neste local, muitas mulheres são empregadas em diferentes esquemas de geração de rendimentos. A Rayalaseema Seva Samithi (RASS) é uma organização voluntária, situada na cidade de Tirupati, que foi selecionada para o estudo. A RASS empreendeu muitas actividades de desenvolvimento, entre as quais o Programa de Geração de Rendimento para Mulheres (WIGS). Este programa está a funcionar em grande escala na zona urbana e rural de Tirupati, tendo a mesma zona sido escolhida para o estudo.

3.2. Seleção da amostra

Os grupos de mulheres selecionados pertenciam ao programa de geração de rendimentos para mulheres iniciado pela RASS. Foi utilizada uma amostragem aleatória em duas fases para a seleção da amostra. Foram selecionadas quatro zonas de um total de catorze zonas onde o programa de geração de rendimentos para mulheres está em funcionamento em Tirupati. Os nomes das mulheres foram recolhidos nas quatro zonas selecionadas. As mulheres selecionadas pertencem a três categorias: donas de casa, grupos de poupança e grupos de poupança e de negócios. As donas de casa são as mulheres cujas actividades se limitam às responsabilidades domésticas e servem de grupo de controlo. O grupo de poupança é constituído por mulheres que se organizam voluntariamente num grupo e gerem esquemas de poupança. Estas mulheres consideram que a poupança é um pré-requisito antes de iniciarem uma atividade. O Grupo de Negócios e Poupança estava envolvido em empresas comerciais utilizando as suas poupanças.

Em cada uma das quatro áreas selecionadas, estes três grupos de mulheres foram escolhidos aleatoriamente, de forma a haver uma distribuição proporcional. De 75 mulheres, foram selecionadas aleatoriamente 25 de cada uma das três categorias: donas de casa, grupo de poupança e grupo empresarial de poupança. No total, foram selecionados aleatoriamente 75 membros de mulheres para realizar o estudo.

3.3. Instrumentos de recolha de dados

Factores como o objetivo do estudo, a dimensão da amostra e as caraterísticas da amostra a estudar influenciam sempre a seleção do método e dos instrumentos. Young, (1975) afirmou que, em qualquer investigação científica, a conceção do programa é um pré-requisito essencial.

O presente estudo exigia informações sobre os dados demográficos, o padrão de seleção de alimentos, o padrão de despesa mensal, a ingestão alimentar diária, as práticas culinárias, a frequência de consumo de snacks, a preparação de refeições, o padrão de refeições, a ocorrência de doenças, os sintomas de deficiência nutricional e a utilização de serviços de saúde.

Foi elaborado um calendário para satisfazer as necessidades de dados do problema em causa. A fim de eliminar as limitações do calendário, foi efectuado um pré-teste.

Em primeiro lugar, foi realizado um estudo-piloto numa amostra de 20 mulheres. O estudo-piloto dá uma ideia se o investigador está a enfrentar quaisquer dificuldades durante a recolha de informações, tais como a compreensão dos itens presentes no programa, o tempo necessário para realizar o estudo, a inadequação das informações incluídas e várias outras informações através das quais o investigador pode prosseguir.

Através do estudo-piloto, foi recolhida informação relevante e foram adquiridas competências relevantes. Com base na análise e nos dados obtidos através do estudo-piloto, foi construído e finalizado um programa de entrevistas, incorporando as alterações necessárias.

A importância da entrevista reside no facto de permitir aos investigadores conhecer e estudar mesmo os acontecimentos que não são passíveis de observação, sendo este o método de estudo de um fator pessoal abstrato e intangível como a atitude, o sentimento e as reacções (Bajpai, 1989). A entrevista desempenha um papel essencial na investigação contemporânea. Segundo Sellita (1964), "a entrevista é a técnica superior para obter informações do entrevistado. Numa entrevista, existe a possibilidade de repetir e reformular as perguntas para se ter a certeza de que foram claras e bem compreendidas pelo entrevistado". Assim, a entrevista foi considerada como o melhor método para o presente estudo.

O programa de entrevistas preparado para o estudo é apresentado no Anexo I. A informação foi recolhida com a ajuda do programa de entrevistas, agrupada e classificada de acordo com as seguintes rubricas;

A. Informações gerais

B. Informação dietética

C. Avaliação clínica

D. **3.1. Recolha de dados**

A. **Informações gerais**

Os dados recolhidos nesta categoria incluem informações pessoais, história social e dados económicos.

i. Informações pessoais:

Os dados pessoais dão uma ideia geral sobre um indivíduo. As informações recolhidas no âmbito dos dados pessoais incluem o nome, a idade, a profissão, a educação e o estado civil dos indivíduos. Todos estes factores influenciam em grande medida o estado nutricional de um indivíduo.

ii. História social:

A história social de um indivíduo num estudo nutricional dá uma imagem clara da estrutura e da dimensão da família do inquirido. No presente estudo, a informação recolhida sob este aspeto incluiu os detalhes dos membros da família, as suas idades, actividades educativas e profissionais. Também foi recolhido o tipo de sistema familiar em que vivem.

iii. Dados económicos

Os dados económicos fornecem informações sobre a situação financeira da família do indivíduo. Muitos estudos demonstraram que o rendimento tem o maior impacto no bem-estar nutricional de uma pessoa. Foram recolhidos dados financeiros como o rendimento da família e as poupanças.

B. Informação dietética

As competências empresariais das mulheres nas áreas da poupança de dinheiro e dos negócios foram examinadas em função do seu impacto na melhoria nutricional da família. Para estudar a melhoria nutricional, foram considerados parâmetros como o padrão de seleção de alimentos, a ingestão diária de alimentos, as práticas culinárias, a frequência do consumo de lanches, a ocorrência de doenças, bem como os sintomas de deficiência nutricional e a utilização dos serviços de saúde disponíveis.

i. Padrão de seleção de alimentos:

O padrão de seleção de alimentos foi avaliado, utilizando o método sugerido por Hurley (1972). A mudança na variedade da dieta foi avaliada comparando a frequência anterior e atual da seleção de alimentos das mulheres.

ii. Ingestão de alimentos:

A ingestão alimentar de um dia foi medida segundo o método de recordação da dieta do dia anterior. O método de recordação de um dia é um método mais fiável utilizado para avaliar a ingestão de alimentos, uma vez que possui validade interna. Vários estudos compararam vários métodos e períodos de tempo para registar a ingestão alimentar. Concluíram que o método de recordação de um dia ou de 24 horas era adequado para obter a ementa de um grupo quando se estudava um grande número de indivíduos (Mac Leod, 1972). Young, et al., (1952) referiram que 50 indivíduos era o número mínimo necessário para garantir médias exactas.

iii. Práticas de cozinha:

O método de cozedura tem influência na composição nutricional dos alimentos. Alguns tipos de cozedura, como a fritura, destroem os nutrientes e, em alguns métodos, como a cozedura, os nutrientes perdem-se. Os diferentes métodos de cozedura utilizados em geral pelas pessoas incluem a fervura, a fritura, etc. No presente estudo, foram obtidas e registadas as práticas culinárias desejáveis adoptadas por 3 grupos diferentes de mulheres.

C. Avaliação clínica

i. Ocorrência de doenças:

A fim de medir a ocorrência de doenças, foram consideradas cinco doenças comuns e a sua incidência foi determinada e registada.

ii. Avaliação das carências nutricionais:

Os sinais físicos são as manifestações finais no desenvolvimento de uma anomalia nutricional. As carências nutricionais eram diagnosticadas através da observação dos sintomas clínicos, tendo em conta as carências mais comuns. O cabelo, os olhos, a boca, a pele, etc., fornecem pistas sobre a presença ou ausência de defeitos nutricionais. Foram observados o cabelo, o rosto, os olhos, os lábios, a língua, os dentes, a pele e as unhas dos indivíduos. Embora tenha sido efectuada a observação de sintomas clínicos, foram feitas perguntas sobre a saúde geral e os problemas de saúde. Bul e Wheeler (1981) sugeriram no seu estudo que uma combinação de métodos forneceria uma estimativa mais válida da ingestão habitual do grupo de indivíduos em estudo do que qualquer método isolado.

iii. Utilização dos serviços de saúde

A utilização dos serviços de saúde por três grupos diferentes de mulheres foi determinada através da técnica de entrevista pessoal.

3.3.2. Agrupamento de dados e pontuação

A. Informações gerais

Os dados recolhidos sobre as informações gerais foram agrupados.

i. Dados pessoais:

No que se refere aos dados pessoais, foi feita a distribuição dos inquiridos por três grupos diferentes, de acordo com as diferentes faixas etárias, as diferentes profissões e os diferentes níveis de escolaridade, bem como o estado civil, tendo sido calculadas as percentagens.

ii. História social:

A história social de um indivíduo, incluindo a dimensão da família, a composição familiar e o tipo de sistema familiar, foi reunida. Foi feita a distribuição dos inquiridos de acordo com a dimensão da família e o tipo de sistema familiar e foram calculadas as percentagens. A composição familiar, incluindo o número de membros da família, também foi distribuída por diferentes grupos.

iii. Dados económicos:

Foram recolhidos dados económicos relativos ao rendimento da família e às poupanças. Nesta categoria, foi avaliado o rendimento familiar sem o rendimento do inquirido. O rendimento pessoal do inquirido também foi avaliado separadamente.

B. Informação dietética

i. Ingestão de alimentos:

A ingestão média de alimentos de três grupos diferentes de inquiridos foi calculada e comparada com a Dose Diária Recomendada (DDR) (Conselho Indiano de Investigação Médica, ICMR, 1984), obtendo-se a percentagem de excedente e a percentagem de défice.

ii. Práticas de cozinha:

No presente estudo, a adoção de quatro práticas culinárias desejáveis foi avaliada através de uma técnica de pontuação. Os dados recolhidos foram agrupados atribuindo duas pontuações (2) quando a prática foi observada pelos inquiridos de 3 grupos diferentes e uma pontuação (1) quando a prática estava ausente. O valor elevado da pontuação indica um nível elevado de adoção de práticas culinárias desejáveis.

C. Avaliação clínica

i. Ocorrência de doenças e avaliação de deficiências nutricionais:

No presente estudo, as doenças comuns e as deficiências nutricionais foram avaliadas através de uma técnica de pontuação. Os dados recolhidos foram pontuados atribuindo duas pontuações (2) quando uma única doença estava presente em 3 grupos diferentes de famílias dos inquiridos e uma pontuação (1) foi atribuída quando a doença comum ou a deficiência nutricional estava ausente nas famílias dos inquiridos.

ii. Utilização dos serviços de saúde:

Os dados recolhidos sobre a utilização dos serviços de saúde foram agrupados.

Análise estatística

Para analisar os dados, foram utilizadas as seguintes técnicas estatísticas relevantes. Os dados recolhidos foram analisados com recurso a percentagens e médias. Foi utilizado o teste "Z" para determinar a diferença significativa entre as médias das práticas culinárias desejáveis e a ocorrência de doenças em três categorias diferentes de mulheres.

CAPÍTULO 4

RESULTADOS E DISCUSSÃO

Um fator decisivo que determina não só a nutrição da família mas também as oportunidades das mulheres para satisfazerem as suas próprias necessidades básicas é o seu estatuto numa dada sociedade e o papel que se espera que desempenhem. O cumprimento bem sucedido do seu papel como principais fornecedores de nutrição à família é particularmente importante para as mulheres nas sociedades tradicionais, na medida em que está ligado à sua identidade como mulheres.

Apesar dos progressos registados em vários aspectos da vida social, desde o nascimento, a mulher é vista como um risco económico, sobretudo na Índia (Jyothi e Rajaiah, 1988).

As mulheres que trabalham estão em melhor posição do que as que não trabalham, no que respeita ao seu estatuto. A independência económica coloca-as em melhor posição na família e na sociedade. O presente estudo foi efectuado com o objetivo de avaliar o impacto do espírito empresarial das mulheres na nutrição familiar e no estado de saúde.

Para avaliar a nutrição e a saúde da família das mulheres empresárias, que foram divididas em três grupos diferentes: donas de casa, grupo de poupança e grupo de poupança e negócios, os dados foram recolhidos, analisados e tabulados.

4.1. Idade

A distribuição dos inquiridos pertencentes a diferentes grupos de rendimento em função da idade é apresentada no quadro 1. A idade é considerada como um fator social importante (Roy e Kapur, 1975). É também um fator biológico importante a ter em conta para avaliar o estado nutricional de um indivíduo.

Quadro 1: Distribuição percentual dos inquiridos de acordo com a idade

Grupo etário (anos)	**Número de inquiridos de diferentes grupos**						**Total**	
	Número	**Percentagem**	**Número**	**Percentagem**	**Número**	**Percentagem**	**Número**	**Percentagem**
20-30	12	48	9	36	17	68	38	50.7
30-40	7	28	14	56	8	32	29	38.7

40-50	6	24	2	8	-	-	8	10.7
Total	25	100	25	100	25	100	75	100.0

Metade (50,7%) dos inquiridos pertencia ao grupo etário dos 20-30 anos. Entre os restantes, 38,7% pertenciam ao grupo etário dos 30-40 anos e 10,7% pertenciam ao grupo etário dos 40-50 anos. Os inquiridos que pertenciam ao grupo etário dos 20-30 anos eram em maior número (68%) no SBG, em comparação com o HW (48%) e o SG (36%). A percentagem de indivíduos pertencentes ao grupo etário dos 30-40 anos foi maior no GS (56%) do que no SBG (32%) e no HW (28%). A percentagem de indivíduos pertencentes ao grupo etário dos 40-50 anos foi maior no HW (24%) do que no SG (8%) e no SBG (0). Os dados relativos à distribuição etária indicam que as mulheres jovens estão envolvidas em mais actividades económicas fora do âmbito doméstico.

4.2. Nível de escolaridade

A distribuição dos inquiridos pertencentes a três grupos diferentes, de acordo com o nível de ensino, é apresentada no Quadro 2.

Tabela 2: Distribuição percentual dos inquiridos de acordo com a escolaridade

Nível de educação	Número de inquiridos de diferentes grupos						Total	
	HW		SG		SBG			
	Número	Percentagem	Número	Percentagem	Número	Percentagem	Número	Percentagem
Analfabeto	17	68	14	56	16	64	47	62.7
Primário Educação	8	32	6	24	8	32	22	29.3
Secundário Educação	-	-	5	20	1	4	6	8.0
Total	25	100	25	100	25	100	75	100.0

Atualmente, considera-se que a educação das mulheres exerce uma grande influência sobre os membros da sua família e sobre a sua própria saúde e estado nutricional. Jestrum e Renner (1986) estudaram e concluíram que as donas de casa com melhor nível de educação comiam mais fruta e alimentos ricos em proteínas ao almoço do que as mulheres com baixo nível de educação.

Mais de metade (62,7%) dos inquiridos eram analfabetos. Entre os restantes, 29,3% estudaram até ao ensino primário e 8% até ao ensino secundário. O número de analfabetos era maior (68%) em H.W. em comparação com S.G. (56%) e em SBG (64%). O número de inquiridos que estudaram até ao ensino primário foi maior e igualmente distribuído (32%) entre a HW e a SBG em comparação com a SG (24%). O número de inquiridos que estudaram até ao ensino secundário foi maior no GS (20%) do que no SBG (4%) e no HW (0). Os dados revelam que a educação influenciou as mulheres a envolverem-se em mais actividades económicas fora de casa.

4.3. Estado civil

A distribuição das inquiridas pertencentes a três grupos diferentes, de acordo com o estado civil, é apresentada no quadro 3. Entre o grupo de mulheres selecionado, 82,7% eram casadas, 8% eram separadas e 9,3% eram viúvas.

Quadro 3: Distribuição percentual dos inquiridos de acordo com o estado civil

Estado civil	Número de inquiridos de diferentes grupos						Total	
	HW		SG		SBG			
	Número	Percentagem	Número	Percentagem	Número	Percentagem	Número	Percentagem
Casado	22	88	19	76	21	84	62	82.7
Separado d	1	4	4	16	1	4	6	8.0
Viúva	2	8	2	8	3	12	7	9.3
Total	25	100	25	100	25	100	75	100.0

Em HW, havia mais inquiridos casados (88%) em comparação com SG (76%) e SBG (84%). A percentagem de mulheres separadas era maior (16%) no GS, seguida de 1% em cada um dos HW e SBG. A percentagem de viúvas era mais elevada em SBG (12%) do que em HW e SG (8%). Os dados indicam que mais mulheres viúvas e separadas estavam envolvidas em mais actividades económicas do que as mulheres casadas, uma vez que é evidente que o primeiro grupo tinha de ganhar a vida, o que nem sempre acontece com o grupo alterado.

O estudo de Restow (1964) refere-se aos conflitos que podem surgir quando as mulheres conciliam o casamento com o trabalho.

4.4. Tipo de família

A distribuição dos inquiridos de três grupos diferentes de acordo com o tipo de família é apresentada no quadro 4. A família é considerada como a unidade social mais importante e tem um significado especial no estado nutricional das mulheres. Em média, um número considerável (57,3%) dos inquiridos vivia em famílias nucleares. Uma percentagem relativamente menor (42,7%) dos inquiridos vivia em famílias conjuntas.

Quadro 4: Distribuição percentual dos inquiridos segundo o tipo de família

Tipo de família	Número de inquiridos de diferentes grupos						Total	
	HW		SG		SBG			
	Número	Percentagem	Número	Percentagem	Número	Percentagem	Número	Percentagem
Núcleor	12	48	17	68	14	56	43	573.3
Conjunto	13	52	8	32	11	44	32	42.7
Total	25	100	25	100	25	100	75	100.0

A distribuição dos inquiridos dos três grupos diferentes de acordo com o tipo de família indicou que os grupos SG tinham maioritariamente famílias nucleares (68%) em comparação com as famílias conjuntas (32%). O número de famílias nucleares e de famílias conjuntas no SBG era de 56 e 44%, respetivamente. O grupo das donas de casa tinha, comparativamente, uma percentagem elevada de famílias conjuntas (52%), seguida de 48% de famílias nucleares.

Em geral, a maioria (57,3%) dos inquiridos pertencia a famílias nucleares. Esta constatação está de acordo com a afirmação empírica de Kapadia (1959) de que as famílias conjuntas estão a desaparecer e as famílias nucleares estão a emergir na sociedade indiana, especialmente nas áreas urbanas (Mishra, 1989). Um dos factores sociais e culturais que influencia a ingestão de alimentos e o estado nutricional das famílias é o sistema familiar conjunto (Devadas, 1968). Os dados também revelaram que a maioria das mulheres pertencentes a famílias nucleares estava envolvida em actividades económicas fora de casa. A razão pode ser que as mulheres das famílias nucleares têm mais liberdade para se envolverem em mais actividades económicas.

4.5. Tamanho da família

A distribuição dos inquiridos pertencentes a três grupos diferentes de acordo com a dimensão da família é apresentada no quadro 5.

O quadro mostra que, entre as donas de casa, dos vinte e cinco inquiridos, trinta e seis por cento tinham uma família de tamanho igual ou superior a sete, vinte por cento tinham uma família de tamanho igual a quatro, dezasseis por cento tinham uma família de tamanho igual a cinco, doze por cento tinham uma família de tamanho igual a três, doze por cento tinham uma família de tamanho igual a seis e apenas quatro por cento tinham uma família de tamanho igual a dois.

Quadro 5: Distribuição percentual dos inquiridos de acordo com a dimensão da família

Número de vezes que come	Número de inquiridos nos diferentes grupos							
	HW		SG		SBG		Total	
	Número	Percentagem	Número	Percentagem	Número	Percentagem	Número	Percentagem
2	1	4	4	16	2	8	7	9.3
3	3	12	3	12	6	24	12	16
4	5	20	11	44	8	32	24	32
5	4	16	2	8	1	4	7	9.3
6	3	12	4	16	5	20	12	16
7 e mais	9	36	1	4	3	12	13	17.3

Total	25	100	25	100	25	100	75	100.0

Entre o grupo de poupança, quase metade (44%) tinha uma família de quatro pessoas, dezasseis por cento tinham uma família de duas pessoas, dezasseis por cento tinham uma família de seis pessoas, doze por cento tinham uma família de três pessoas, oito por cento tinham uma família de cinco pessoas e apenas quatro por cento tinham uma família de sete ou mais pessoas.

Entre o grupo de poupança e negócios, trinta e dois por cento tinham uma família de quatro pessoas, vinte e quatro por cento tinham uma família de três pessoas? O tamanho da família de seis pessoas estava presente em 20 por cento dos inquiridos. Doze, oito e quatro por cento dos inquiridos tinham uma família de sete e mais, dois e cinco, respetivamente. Os dados indicam que a maior parte das mulheres que pertencem a famílias de pequena dimensão estão envolvidas em mais actividades económicas.

4.6. Composição familiar

A distribuição dos inquiridos pertencentes a diferentes grupos de acordo com a composição familiar é apresentada no quadro 6. A composição familiar tem um impacto nos rendimentos da família e, por conseguinte, influencia o estado nutricional da família. No presente estudo, verificou-se que, em média, mais de metade (61%) dos membros da família dos inquiridos eram adultos. As crianças constituíam o número mais elevado (29%). Os adolescentes ocupavam o segundo lugar com 8,25%, seguidos dos bebés com 1,75%.

A composição familiar tem um impacto nos rendimentos da família e, por conseguinte, influencia o estado nutricional da família. No presente estudo, verificou-se que, em média, mais de metade (61%) dos membros da família dos inquiridos eram adultos. As crianças constituíam o número mais elevado (29%). Os adolescentes ocupavam o segundo lugar com 8,25%, seguidos dos bebés com 1,75%.

Quadro 6: Distribuição percentual dos inquiridos de acordo com a composição familiar

Número de vezes que come	Número de inquiridos nos diferentes grupos							
	HW		SG		SBG		Total	
	Númer	Percentage	Númer	Percentage	Númer	Percentage	Númer	Percentage

	o	m	o	m	o	m	o	m
Bebés	4	2.7	1	0.8	2	1.5	7	1.75
Crianças	46	31.5	41	33.3	29	22.1	116	29
Adolescentes	7	4.8	9	7.3	17	13	33	8.25
Adultos	89	61	72	58.5	83	63.4	244	61
Total	146	100	123	100	131	100	400	100

A distribuição das famílias dos inquiridos de acordo com a composição familiar mostrou que, em três grupos diferentes, os adultos eram mais numerosos do que nos outros dois grupos, sendo que o SBG tinha mais adultos (63,4%). O H.W. e o S.G. tinham 61 e 58,5%, respetivamente. As crianças constituíam o número mais elevado nos três grupos. O GS tinha uma percentagem elevada, ou seja, 33,3% de crianças, em comparação com os outros dois grupos, onde o HW e o SBG tinham 31,5% e 22,1%, respetivamente. Os adolescentes eram mais numerosos no SBG do que nos outros dois grupos. A percentagem de adolescentes nos grupos HW, SG e SBG era de 4,8, 7,3 e 13%, respetivamente. As crianças eram 27% no HW e 1,5% no SBG. No GS, o seu número era significativamente inferior (0,8%). Os dados revelaram que as mulheres constituem a maior percentagem de adultos nas suas famílias envolvidos em mais actividades económicas, em comparação com as mulheres que constituem a maior percentagem de crianças nas suas famílias, uma vez que é evidente que este último grupo se envolve com crianças.

4.7. Ocupação da família

A distribuição dos membros da família do inquirido de acordo com o estatuto profissional é apresentada no quadro 7. Os empregos tradicionais, como o trabalho ocasional, o cortador de pedra, os varredores, etc., para os quais não receberam literalmente qualquer formação. As competências são adquiridas durante o processo de ocupação. No entanto, para empregos técnicos como motoristas, alfaiates, cozinheiros, soldadores, etc., é essencial uma formação objetiva.

No SBG, mais (48,9%) membros da família dos inquiridos estavam envolvidos em empregos tradicionais em comparação com o SG (41,5%) e o HW (33,6%). O número de membros da família envolvidos em empregos técnicos era maior (18,7%) no SG em comparação com o

SBG (14,5%) e o HW (10,3%). Os estudantes eram mais (35,1%) no SBG do que no SG (34,1%) e no HW (24%). A percentagem de membros da família nos grupos HW, SG e SBG era de 13,7%, 7% e 2%, respetivamente. Este grupo era constituído principalmente por idosos, mulheres e crianças.

Quadro 7: Distribuição percentual dos membros da família do inquirido de acordo com a profissão

Número de vezes que come	Número de inquiridos nos diferentes grupos							
	HW		SG		SBG		Total	
	Número	Percentagem	Número	Percentagem	Número	Percentagem	Número	Percentagem
Empregos de tradicional	49	33.6	51	41.5	64	48.9	164	41
Empregos técnicos	15	10.3	23	18.7	19	14.5	57	14.3
Estudar	35	24	42	34.1	46	35.1	123	30.7
Não funciona	47	13.7	7	5.7	2	1.5	56	14
Total	146	100	123	100	131	100	400	100

No total, mais de 41% dos membros da família estavam envolvidos em empregos tradicionais, 30,7% estavam envolvidos em estudos, 14,3% estavam envolvidos em empregos qualificados e 14% não participavam em qualquer trabalho. Os dados indicam que mais mulheres com emprego estavam envolvidas noutras actividades económicas do que as que não trabalhavam, pois é evidente que este último grupo era constituído principalmente por um maior número de crianças e idosos que normalmente dependiam de outros.

4.8 Rendimento médio mensal das famílias

O rendimento mensal médio dos membros da família do inquirido, excluindo o rendimento do inquirido, é apresentado no quadro 8. De acordo com as recomendações para a classificação da gama de rendimentos dadas pelo Tamil Nadu Board of Division (1991), as pessoas que obtêm rendimentos entre 1 000 e 1 300 rupias são consideradas de baixo rendimento, entre 800 e 1 000 rupias são consideradas de muito baixo rendimento e entre 600 e 800 rupias (ou) menos de 600 rupias são consideradas de muito baixo rendimento.

Quadro 8: Rendimento médio mensal das famílias

Diferentes grupos de inquiridos	**Rendimento mensal médio**
Donas de casa	Rs. 915/-
Grupo de poupança	Rs. 1080/-
Poupança e grupo empresarial	Rs. 1200/-

De acordo com esta classificação, as donas de casa pertencem ao grupo de rendimento muito baixo, que é também designado como grupo abaixo do limiar de pobreza. A poupança e a poupança, bem como o grupo empresarial, pertencem ao grupo de baixo rendimento. Os dados revelam que mesmo as famílias com rendimentos muito baixos não se motivam facilmente para melhorar a sua situação económica e que as donas de casa não estão envolvidas noutras actividades económicas fora de casa.

4.9 Rendimento dos inquiridos

As oportunidades de geração de rendimentos por parte das mulheres são susceptíveis de aumentar a sua posição no seio do agregado familiar e assegurar a sua maior participação no processo de tomada de decisões da família (Chowdery, 1983). Entre os três grupos diferentes do presente estudo, as donas de casa não participam em qualquer trabalho económico (ou) emprego, enquanto o grupo de poupança e poupança, bem como o grupo empresarial, participam no esquema de geração de rendimentos. O grupo de poupança e o grupo empresarial dedicam-se a outras actividades para além da poupança. O rendimento mensal do grupo de poupança é sob a forma de juros das suas poupanças. Geralmente, os juros são de Rs.2/- para Rs. 100/- por mês. O rendimento médio mensal do grupo de poupança sob a forma de juros foi de 129 rupias, mas o rendimento médio mensal do grupo de poupança e negócios foi de 435 rupias. Os dados revelam que, à medida que o rendimento aumenta, as mulheres são motivadas a envolver-se noutras actividades económicas.

4.10 Despesas mensais da família

O rendimento determina o nível de vida da família. A avaliação dos rendimentos e das despesas em produtos alimentares e não alimentares indicará a situação socioeconómica e alimentar, o que pode influenciar o estado nutricional.

A despesa média mensal dos inquiridos em diferentes itens é apresentada no quadro 9.

Quadro 9: Despesa média mensal com diferentes artigos em três grupos de rendimento

Artigos	Percentagem de dinheiro gasto		
	HW	SG	SBG
Alimentos	60.3	55.9	48.4
Vestuário	7.3	9.0	11.0
Abrigo	18.6	15.2	16.1
Educação	3.3	5.3	6.6
Transporte	1.6	2.2	2.7
Medicamentos	3.6	2.5	2.9
Lazer	1.1	3.3	3.7
Poupança	1.3	2.6	3.3
Diversos	2.9	4.0	5.3

O padrão de despesas em 3 grupos diferentes mostrou que a percentagem de dinheiro gasto em alimentos era maior (60,3%) no HW em comparação com o SG (55,9%) e o SBG (48,4%).

A percentagem de vestuário era mais elevada (11%) no SBG do que no SG (9%) e no HW (7,3%). A percentagem de dinheiro que tinha sido atribuída para abrigo, ou seja, aluguer de casa, etc., foi maior (18,6%) no HW seguido do SBG (16,1%) e SG (15,2%). O grupo de poupança gastou menos dinheiro do que o SBG em abrigo porque a maioria dos membros do grupo de poupança estava a usar as suas poupanças para construir as suas próprias casas, enquanto a maioria do grupo de poupança e negócios estava a usar as suas poupanças para os seus negócios e não para a construção de casas.

A percentagem de dinheiro gasto em educação foi maior (6,6%) no SBG, o que mostra o seu maior interesse pela educação das crianças, seguido do GS (5,3%) e do HW (3,3%). O SBG gastou mais dinheiro (2,7%) em transportes, uma vez que um grande número de inquiridos pertencentes a este grupo viaja por motivos profissionais, enquanto o SG e o HW gastaram 2,2% e 1,6% do dinheiro, respetivamente.

Comparativamente, o dinheiro gasto em medicamentos foi maior (3,6%) em HW do que em SG (2,5%) e SBG (2,9%). O uso de medicamentos foi maior no HW. A percentagem de dinheiro gasto em actividades recreativas pelo SBG foi superior à do SG e do HW. Foi de 3,7% no SBG e de 3,3% e 1,1%, respetivamente, no GS e no HW. O grupo dos HW gastou muito menos dinheiro (1,1%) em actividades recreativas, uma vez que a maior parte do dinheiro foi gasta em necessidades básicas como alimentação, vestuário e abrigo, seguido da educação das crianças, etc. As famílias com rendimentos limitados gastam pequenas quantias em actividades recreativas.

As poupanças foram mais elevadas (3,3%) no SBG do que no SG (2,6%), uma vez que obtêm um rendimento extra da sua atividade. Verificou-se que as poupanças do HW eram baixas (1,3%) em comparação com os outros dois grupos. As despesas com artigos diversos, como vassouras, sabonetes, cosméticos, etc., eram mais elevadas no SBG (5,3%) do que no GS (4,0%) e no HW (2,9%). A representação esquemática das despesas mensais médias do HW, SG e SBG em diferentes artigos é apresentada nas figuras 1a, 1b e 1c.

Observou-se que as despesas com géneros alimentícios eram mais elevadas do que as despesas com outras rubricas, especialmente em HW. As despesas com alimentação foram superiores às do GS e do GSB. Isto confirma a verdade da lei de Engles, que afirma que as pessoas do grupo de baixo rendimento gastam mais percentagem das suas despesas mensais em alimentação, quando comparadas com outros itens. Achaya (1974) também afirmou que as famílias com baixos rendimentos dão maior importância à alimentação.

4.11. Padrão de consumo alimentar da família

O padrão geral de consumo de alimentos é de importância considerável no estudo dos hábitos alimentares das pessoas. Sabe-se que os inquéritos sobre o padrão de consumo alimentar (dieta) fazem parte do estado nutricional global de vários grupos populacionais. Os inquéritos sobre a dieta, se forem corretamente realizados, fornecem informações sobre o padrão qualitativo da dieta, os hábitos alimentares e os tabus prevalecentes na comunidade.

Fig. 1: Padrão de despesa mensal média

a. House wives group

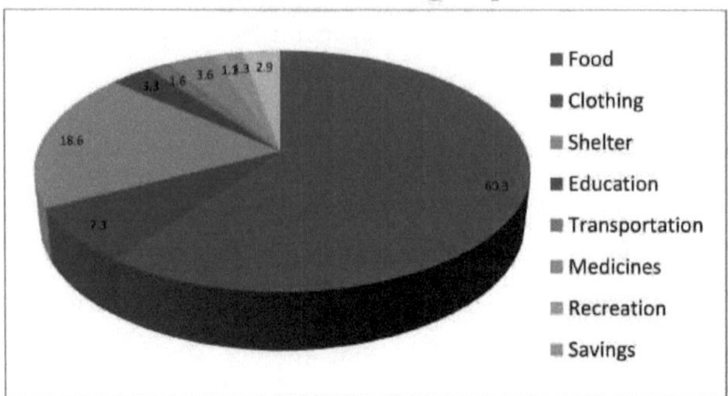

b. Savings group

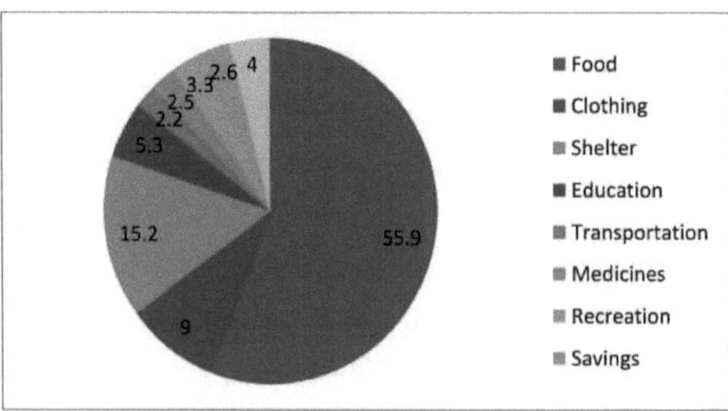

c. Savings and Business group

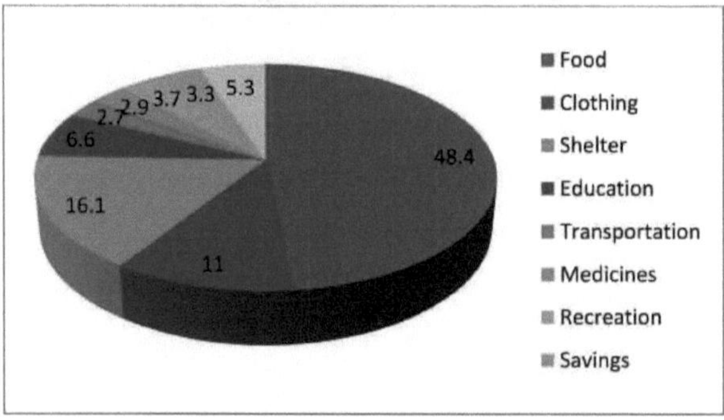

Além disso, apontam as inadequações prevalecentes na comunidade. Além disso, apontam as inadequações prevalecentes na dieta existente e na ingestão de nutrientes de vários grupos populacionais. Esta informação sobre os regimes alimentares ajuda o governo e as organizações não governamentais a planear certas medidas de bem-estar para fornecer programas de alimentação suplementar à população carenciada.

O padrão de consumo alimentar é normalmente determinado pela frequência dos alimentos consumidos pela família e pelo número de famílias que seguem o mesmo padrão. A percentagem do padrão de consumo alimentar das famílias é apresentada no quadro 10. As diferenças no consumo dos alimentos mais consumidos de cada grupo alimentar estão representadas na figura 2.

4.11.1 Cereais

Os cereais representam 70 a 80% do consumo diário de energia da maioria dos indianos (Narasinga Rao, 1991). Entre os cereais, o arroz é o principal alimento de base, em Andhra Pradesh; o seu consumo será maior do que o de outros cereais.

Apenas 12 e 8 por cento dos SBG e SG, respetivamente, consumiam ragi diariamente. HW não consumia ragi diariamente. A percentagem de famílias de HW, SG, SBG que consumiam ragi 1-5 vezes por semana era de 16, 24 e 8 por cento, respetivamente.

Quadro 10: Padrão de consumo alimentar das mulheres pertencentes a diferentes grupos (expresso em percentagem)

Sl. Não.	Produtos alimentares	Raramente ou nunca			Menos de uma vez por semana			1-5 vezes por semana			Quase diariamente		
		HW	SG	SBG	HW	SG	SBG	HW	SG	SBG	HW	SG	SBG
1	2	3	4	5	6	7	8	9	10	11	12	13	14
I.	Cereais e Milhos												
1.	Arroz			...			...				100	100	100
2.	Ragi	28	32	44	56	36	36	16	24	8		8	12
3.	Trigo	52	12	16	36	52	40	12	36	44			...
II.	Impulsos												
1.	Dhal de grama vermelha			...			...	92	76	56	8	24	44
2.	Dhal de grama de Bengala			...	72	68	52	28	32	40			8
3.	Dhal de grama preta			...	48	36	20	52	64	64			16
4.	Dhal de			...	84	72	56	16	28	44			...

	grama verde												
II I.	Legumes												
a.	Vegetais de folha verde												
1.	Amaranto			...	28	8	12	68	64	52	4	28	36
2.	Couve	32	16	24	56	60	44	12	24	56			...
3.	Folhas de caril	4		...			...				96	100	100
4.	Espinafres			...		8	12	96	64	52	4	28	36
5.	Hortelã			...	84	100	100	16					...
b.	Raízes e tubérculos												
1.	Cenoura	96	52	24	4	28	48		20	28			...
2.	Batata	4		4	56	56	44	40	44	52			...
c.	Outros produtos hortícolas												
1.	Feijões			...	56	32	24	44	68	76			...
2.	Brinjal	4	4	12	32	28	24	64	68	64			...
3.	Baquetas			...	92	92	88	8	8	12			...
4.	Dedo de senhora	4		12	88	76	60	8	24	28			...
5.	Cabaça de cumeeira			...	92	52	48	8	48	52			...
6.	Tomate			4			...				100	100	96
I V.	Frutos												
1.	Apple	96	76	64	4	24	36						...
2.	Banana			...	12		...	32	32	24	56	68	76
3.	Goiaba			...	76	52	36	24	48	64			...
4.	Manga			...			...	16	8	8	84	92	92
5.	Papaia	28	32	24	48	56	56	24	12	20			...

Sl. Não.	Produtos alimentares	Raramente ou nunca			Menos de uma vez por semana			1-5 vezes por semana			Quase diariamente		
		HW	SG	SBG	HW	SG	SBG	HW	SG	SBG	HW	SG	SBG
V .	Frutos de casca rija e sementes												

	oleaginosas												
1.	Porca moída			...	32		...	52	36	28	16	64	72
VI.	Leite e produtos lácteos												
1.	Leite			...			...				100	100	100
2.	Coalhada	100	100	84			...						16
3.	Leite de manteiga	56	16	16			...		8		44	76	84
VII.	Ovos e produtos à base de carne												
1.	Ovo	24	24	16	60	44	40	16	32	44			...
2.	Carne de carneiro	36	32	20	64	44	28		24	52			...
3.	Peixe	36	24	16	64	8	4		68	80			...
VIII.	Açúcar			...			...				100	100	100
IX.	Óleo alimentar												
	Óleo de amendoim			...			...				100	100	100

Fig.2: Padrão de consumo alimentar

a. Cereais e painço

Arroz

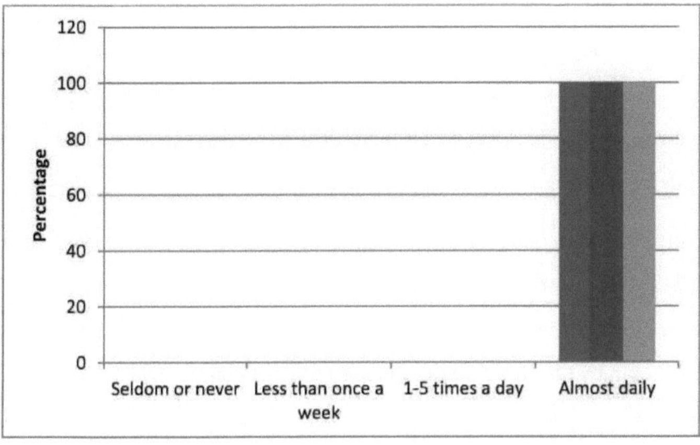

Trigo

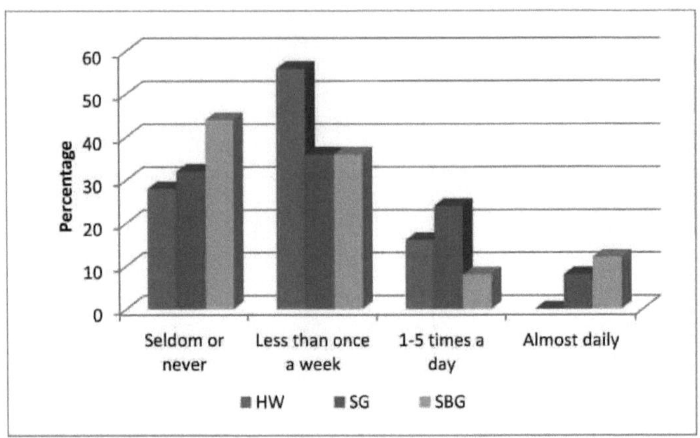

Ragi

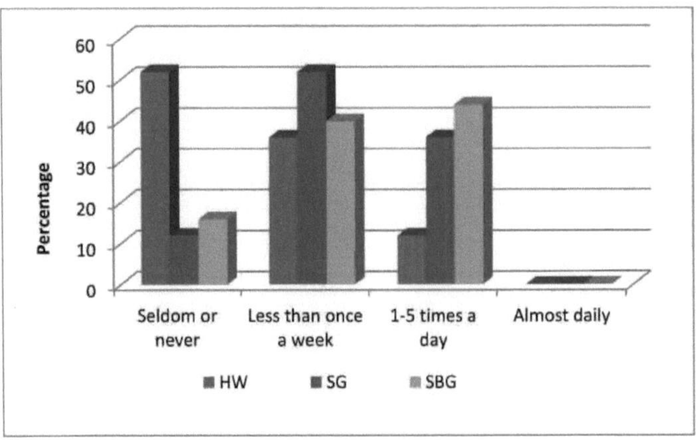

As famílias destes três grupos que consumiam ragi menos de uma vez por semana eram 56, 36 e 16%, respetivamente. Verificou-se que o ragi era consumido por um número de famílias inquiridas para além do arroz. Isto pode dever-se ao facto de o custo do ragi ser mais baixo e de ser o principal cereal de base, a seguir ao arroz, em Rayalaseema.

Nenhuma das famílias consome trigo diariamente. Doze, trinta e seis e quarenta e quatro por cento das famílias HW, SG, SBG, respetivamente, consumiam trigo 1-5 vezes por semana e 36, 52, 40 por cento das famílias HW, SG, SBG, respetivamente, consumiam trigo menos de uma vez por semana. Cinquenta e dois, doze, dezasseis por cento das famílias HW, SG, SBG, respetivamente, consumiam trigo raramente ou nunca. As diferenças no consumo de cereais entre 3 grupos diferentes de famílias dos inquiridos estão representadas na figura 3a.

1.11.2 Impulsos

Apenas o dhal de grama vermelha foi consumido diariamente por 8%, 24% e 44% dos HW, SG e SBG, respetivamente, e os outros tipos foram consumidos semanalmente, uma ou duas vezes, ou ocasionalmente. O dhal de grama de Bengala era consumido diariamente apenas por 8% dos SBG. Vinte e oito, trinta e dois e quarenta por cento dos HW, SG, SBG, respetivamente, foram consumidos 1-5 vezes por semana, e menos de uma vez por semana por 72, 68 e 52% dos HW, SG e SBG, respetivamente. O dhal de grama preta também era consumido diariamente por apenas 16% dos SBG.

b. Impulsos

Dhal de grama vermelha

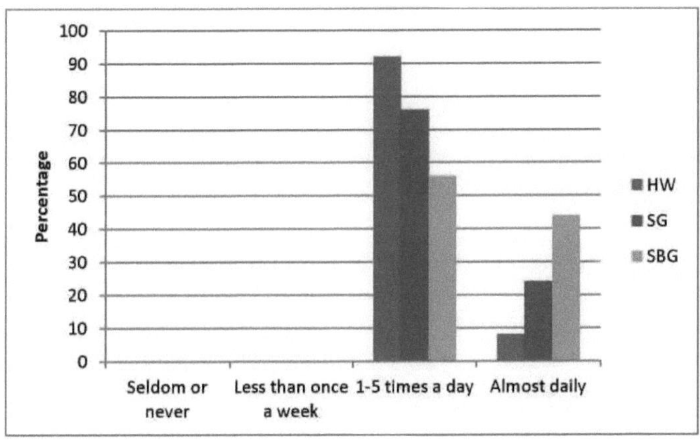

Bengalgrama dhal

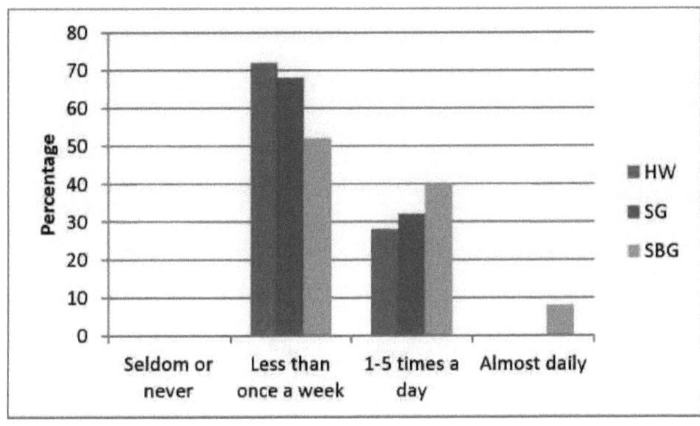

Dhal de grama preta

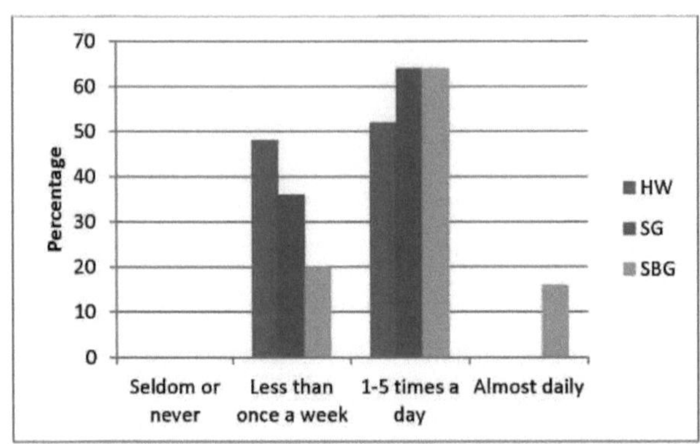

Dhal de grelos verdes

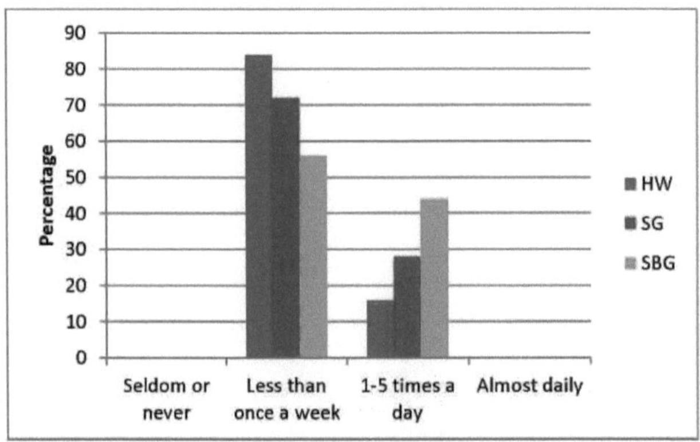

Cinquenta e dois, 64 e 64 por cento das HW, SG e SBG, respetivamente, foram consumidas 1-5 vezes por semana e menos de uma vez por semana por 48, 36 e 20 por cento das HW, SG e SBG, respetivamente. Nenhuma das famílias consome grama verde diariamente. Dezasseis, 28 e 44 por cento das famílias de HW, SG e SBG, respetivamente, comiam 1-5 vezes por semana e menos de uma vez por semana por 84, 72 e 56 por cento das famílias de HW, SG e SBG, respetivamente.

Estas conclusões estão em consonância com as conclusões de Pushpamma et al. (1983), segundo as quais a leguminosa mais frequentemente consumida é o dhal de grama vermelha. Um estudo efectuado por NIN (198889) também apoia o presente estudo. As diferenças no consumo de leguminosas entre 3 grupos diferentes de famílias de inquiridos estão representadas na figura 3b.

1.11.3 Vegetais de folha verde

Na Índia, os legumes de folha verde (ou) as verduras provenientes principalmente de plantas têm sido utilizados na dieta desde tempos antigos. São fontes nutricionalmente importantes e baratas. Em todos os indivíduos, o consumo de folhas verdes foi comum. O amaranto, os espinafres e as folhas de caril eram as verduras mais consumidas. Entre todas as verduras, o amaranto e os espinafres foram os mais utilizados. Quatro, 28 e 36% dos HW, SG e SBG consumiam, respetivamente, amaranto e espinafres diariamente. Sessenta e oito, 64 e 52 por cento dos HW, SG e SBG consumiam, respetivamente, amaranto 1-5 vezes por semana e 28, 8 e 12 por cento deles, pela mesma ordem, consumiam-no menos de uma vez por semana. Noventa e seis, 64 e 52 por cento dos HW, SG e SBG consumiam espinafres, respetivamente, 1-5 vezes por semana. Oito e 12 por cento do GS e do SBG, respetivamente, consumiam-no menos de uma vez por semana.

c. Vegetais de folha verde Amaranto

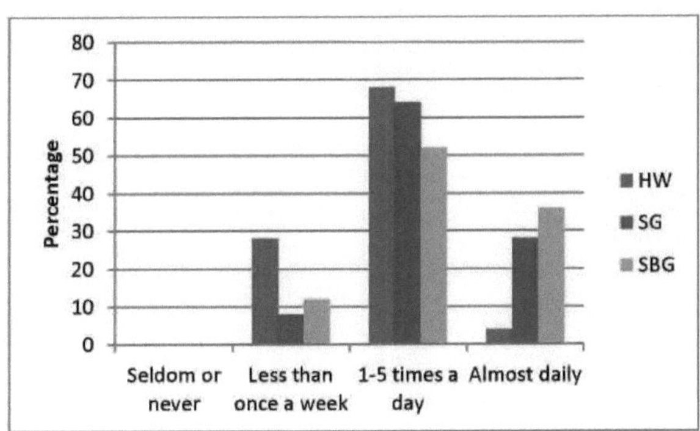

Couve

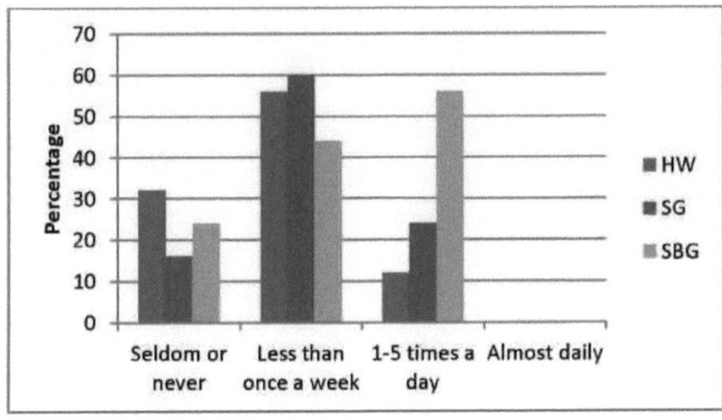

Folhas de caril

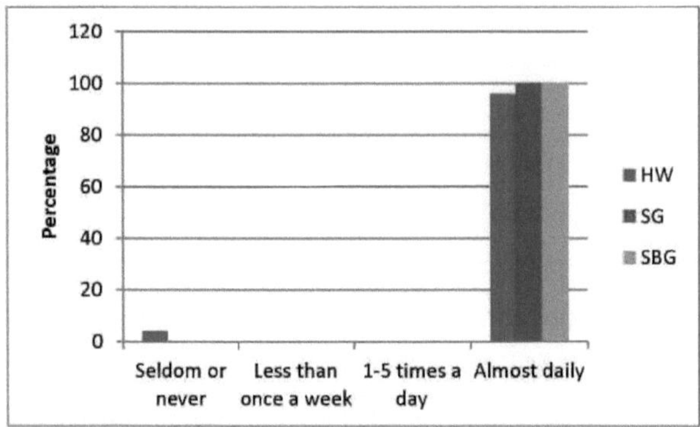

Espinafres

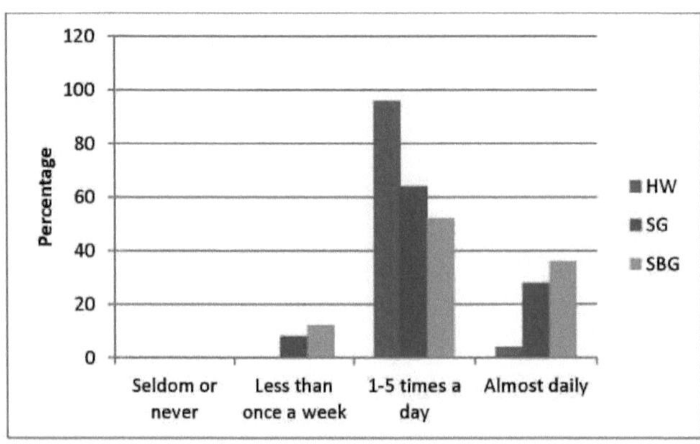

Hortelã

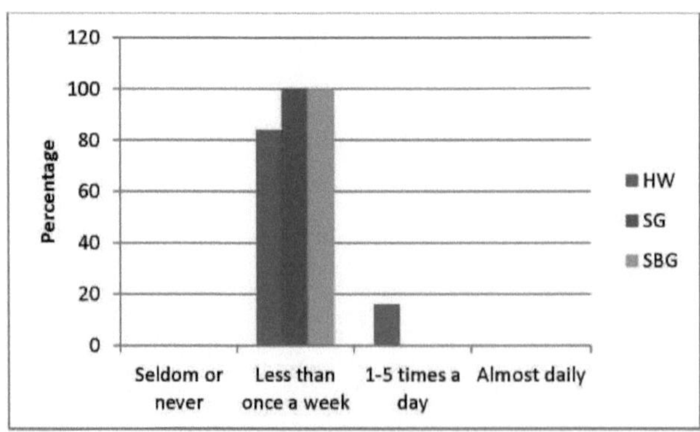

A couve foi o legume menos preferido. Doze, 24 e 56% das mulheres, dos homens e dos homens de negócios e dos homens de negócios, respetivamente, consumiam-na de 1 a 5 vezes por semana e 56, 60 e 44%, por esta ordem, consumiam-na menos de uma vez por semana. Trinta e dois, 16 e 24 por cento dos membros do grupo HW, SG e SBG, respetivamente, consumiam-no raramente ou nunca. Todos os membros da SG e da SBG consumiram hortelã menos de uma vez por semana. Oito e quatro por cento dos HW consumiam-na menos de uma vez por semana e 16%, 1-5 vezes por semana. Noventa e seis por cento dos HW e cem por cento dos SG e SBG consumiam folhas de caril diariamente. As diferenças no consumo de vegetais de folha verde entre 3 grupos diferentes estão representadas na figura 3c.

1.11.4 Raízes e tubérculos

Entre todas as famílias, a maioria delas consumia batatas em comparação com outras raízes. Quarenta, 44 e 52% das famílias HW, SG e SBG, respetivamente, consumiam batatas de 1 a 5 vezes por semana e 56, 56 e 44% delas, por esta ordem, consumiam-nas menos de uma vez por semana. Quatro por cento dos HW e SBG consumiam-na raramente ou nunca. Nenhuma das famílias consumia cenoura diariamente. Apenas 20 e 28 por cento das famílias SG e SBG a consumiam 1-5 vezes por semana e 4, 28 e 48 por cento das famílias HW, SG e SBG, respetivamente, consumiam-na raramente ou nunca.

d. Raízes e tubérculos

Cenoura

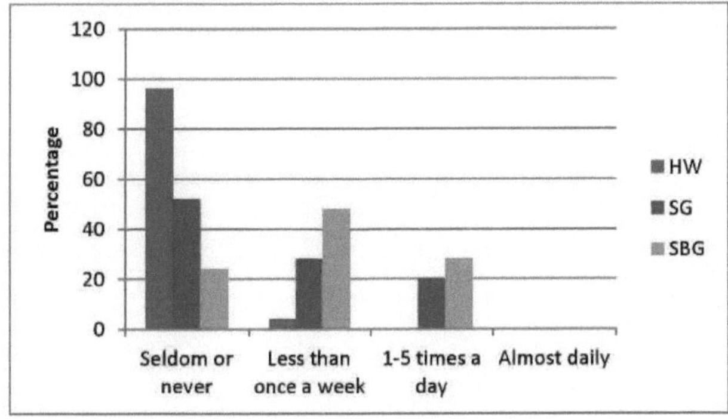

Batata

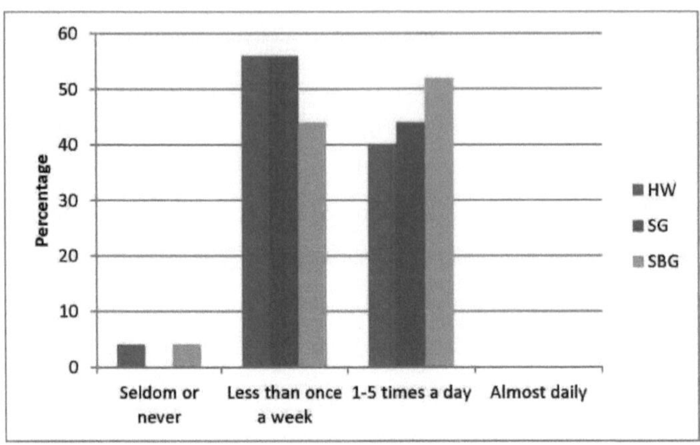

O baixo consumo de raízes e tubérculos pode dever-se ao seu elevado custo, bem como ao facto de a maioria das pessoas das famílias pobres acreditar que as raízes e os tubérculos podem provocar flatulência (Rajyalakshmi, 1969). Estas conclusões estão em consonância com as conclusões de Pushpamma et al. (1990), segundo as quais, entre todas as famílias de baixos rendimentos de Andhra Pradesh, a batata era o vegetal de raiz mais consumido. As diferenças no consumo de raízes e tubérculos entre 3 grupos diferentes estão representadas na figura 3d.

4.11.5Outros produtos hortícolas

Os legumes constituem um alimento essencial tanto para os ricos como para os pobres. No entanto, o consumo de legumes tem sido demasiado baixo na vida quotidiana das pessoas com baixos rendimentos. Entre os indivíduos, os legumes mais consumidos são o feijão, a couve-galega, o dedo-de-moça, as varas de tambor e o tomate, etc.

O consumo de feijão 1-5 vezes por semana por HW, SG e SBG foi de 44, 68 e 76%, respetivamente, e menos de uma vez por semana foi de 56, 32 e 24% dos inquiridos, respetivamente. O consumo de beringela 1-5 vezes por semana por HW, SG e SBG foi de 64, 68 e 64 por cento, respetivamente, e menos de uma vez por semana foi de 32, 28 e 24 por cento, pela mesma ordem, e 4, 4 e 12 por cento nunca a consumiram. O consumo de baquetas de 1 a 5 vezes por semana por HW, SG e SBG foi de 8, 8 e 12 por cento e menos de uma vez por semana foi de 92, 92 e 88 por cento. O consumo de dedos de moça de 1 a 5 vezes por semana por HW, SG e SBG foi de 8, 24 e 28 por cento, respetivamente, e menos de uma vez por semana foi de 88, 76 e 60 por cento, pela mesma ordem. Quatro por cento dos HW e doze por cento dos SBG nunca o consumiram. Oito, 48 e 52% de HW, SG e SBG, respetivamente, consumiram cabaça de cabaça de 1 a 5 vezes por semana e 92, 52 e 48% deles, por esta ordem, consumiram-na menos de uma vez por semana.

e. outros produtos hortícolas

Feijões

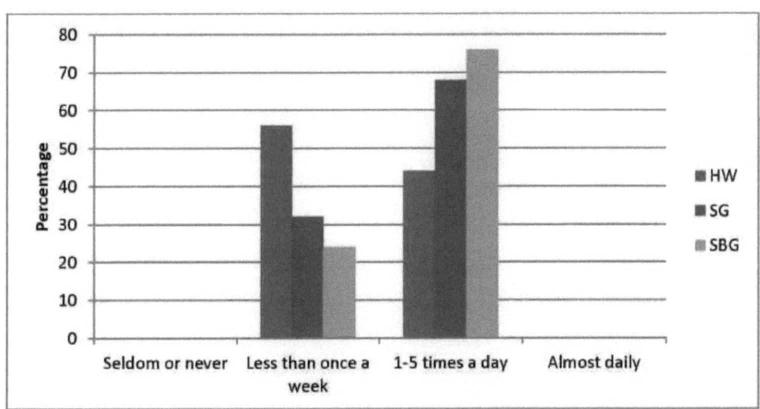

Brinjal

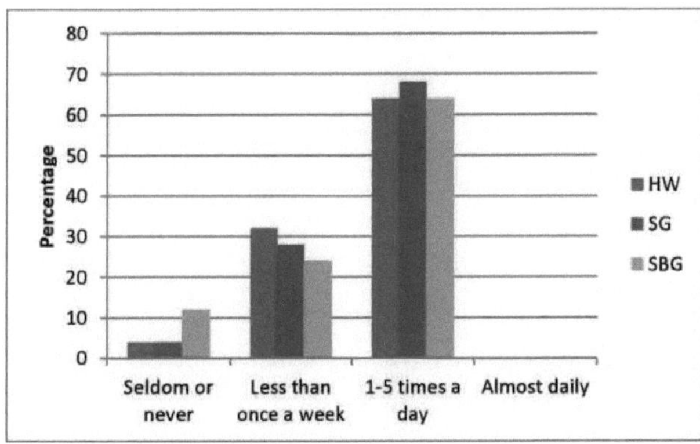

Baquetas

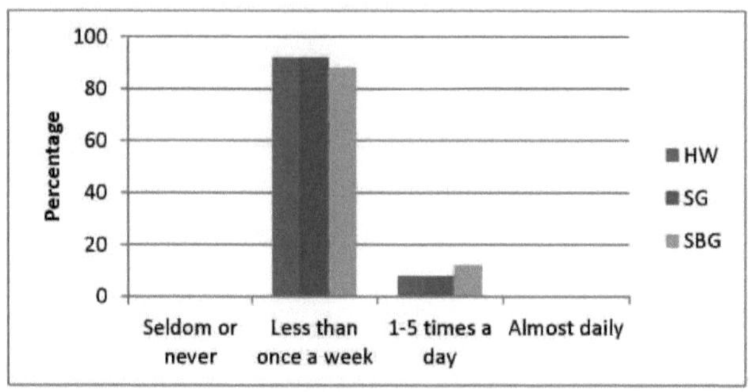

Dedo de senhora

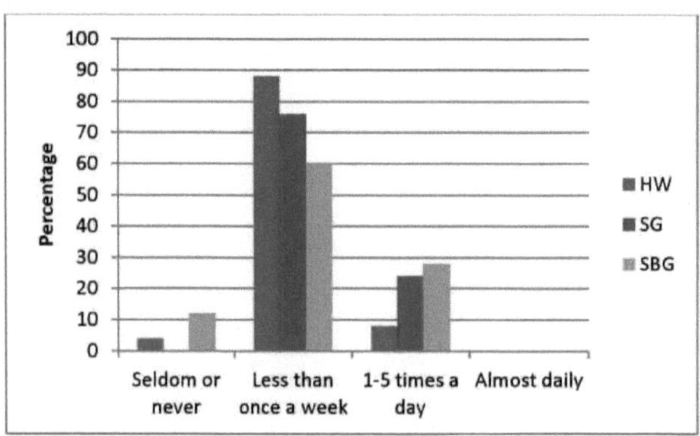

Cabaça de cumeeira

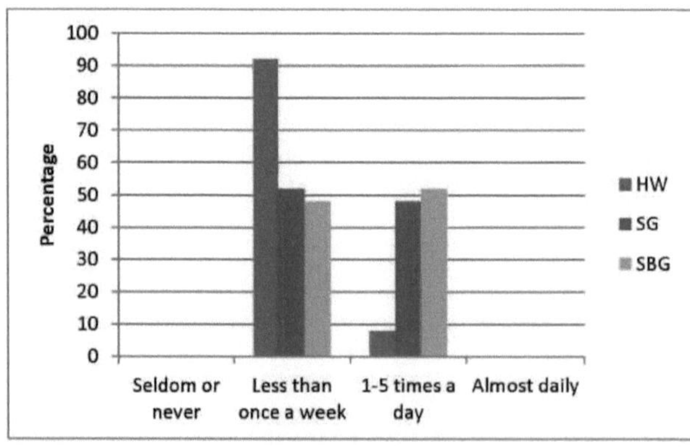

Tomate

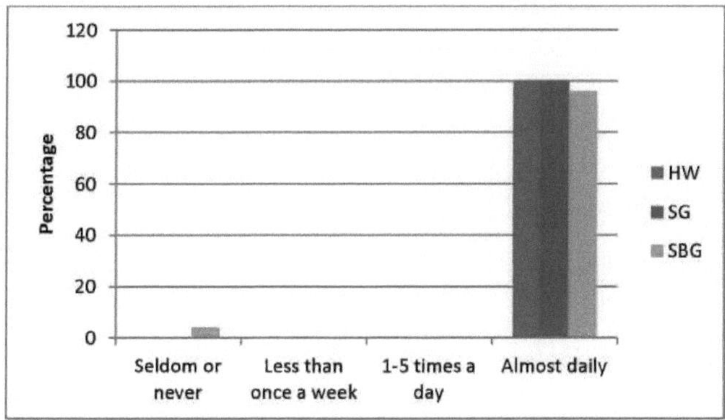

Centésimos por cento das famílias de HW, SG e 96% de SBG consomem tomate diariamente em todas as preparações alimentares como dhal, sambar, rasam, etc. Apenas 4% de SBG nunca o consomem. As diferenças no consumo de outros legumes entre os 3 grupos diferentes estão representadas na figura 3e.

4.11.6Frutos:

As frutas são boas fontes de vitaminas. A maior parte destas pessoas consome fruta raramente, porque, em geral, não são muito exigentes a comer fruta. O consumo de fruta depende da disponibilidade sazonal. A fruta mais comum consumida pelo grupo-alvo é a banana, porque é barata e está disponível em todas as estações. O consumo de outras frutas era muito menor e raro, devido ao custo elevado e à ignorância sobre a importância das frutas.

f. Frutos

Apple

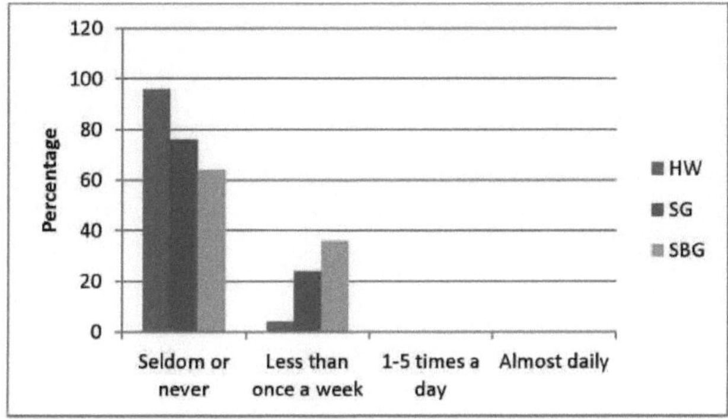

Banana

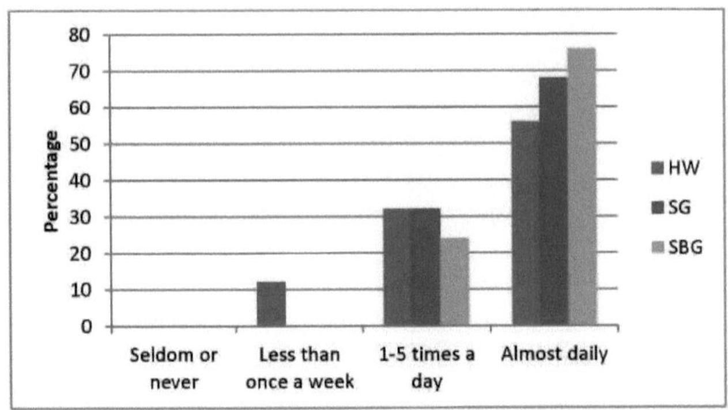

Goiaba

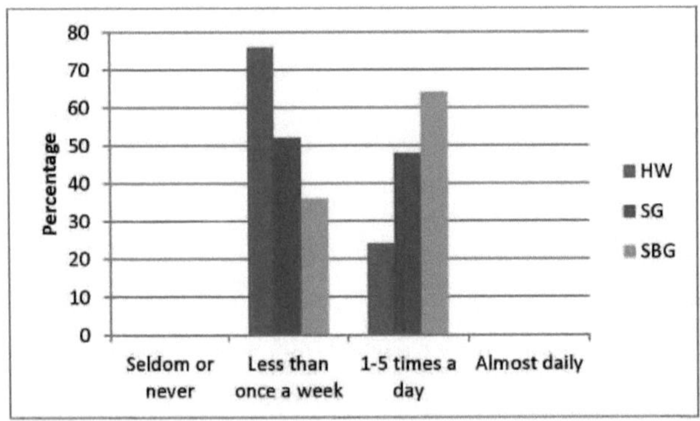

Manga

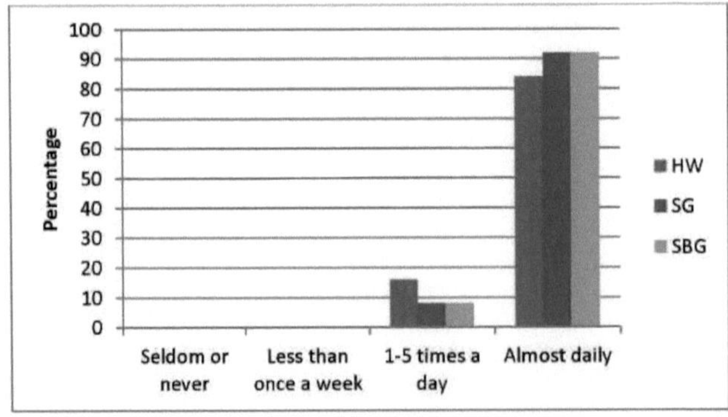

Papaia

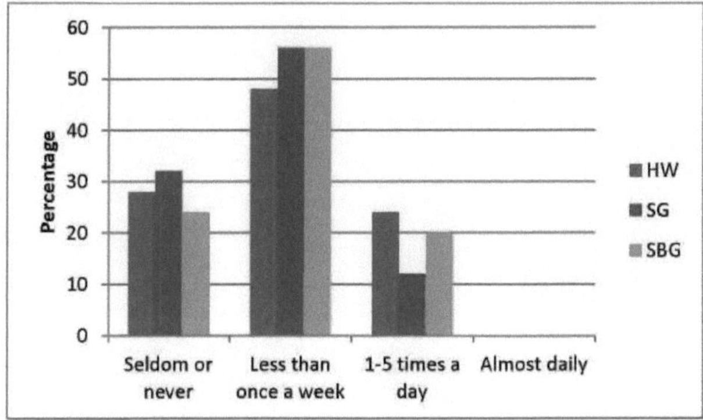

A maioria dos HW (56%), SG (68%) e SBG (76%) consumia banana diariamente.

As restantes famílias consumiam-na 1 a 5 vezes por semana. Noventa e seis, 76 e 64 por cento das famílias de HW, SG e SBG, respetivamente, consomem maçã raramente ou nunca, por ser um fruto mais caro. Apenas 4, 23 e 36% dos HW, SG e SBG, respetivamente, a consumiam menos de uma vez por semana. A manga é um fruto sazonal. Oitenta e quatro, 92 e 92% dos HW,

A SG e a SBG, respetivamente, consumiam-no diariamente na estação, por ser barato nessa altura. As restantes famílias consumiam-no 1-5 vezes por semana. Nenhuma das famílias consumia goiaba e papaia diariamente, apesar de serem baratas, devido ao desconhecimento da sua importância. Mas 24, 48 e 64% das famílias HW, SG e SBG, respetivamente, consumiam goiaba de 1 a 5 vezes por semana e 24, 12 e 64% delas, nesta ordem, consumiam papaia de 1 a 5 vezes por semana. As restantes famílias consumiam goiaba menos de uma vez por semana. Mas 28, 32 e 24 por cento dos HW, SG e SBG, respetivamente, consumiam papaia raramente ou nunca devido a uma moda alimentar.

g. **Frutos de casca rija e sementes oleaginosas Óleo de amendoim**

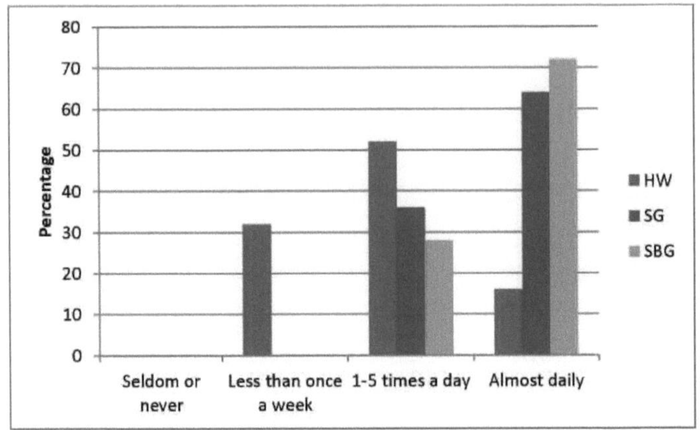

Lalchand, et al., e Ramachander (1986) constataram que o consumo de frutas era

O consumo de fruta é muito mais elevado nos grupos com rendimentos mais elevados e o consumo de fruta pelos vegetarianos tende a ser superior ao dos não vegetarianos. De um modo geral, devido à indisponibilidade e ao custo elevado, a maioria dos indivíduos consumia menos fruta. No presente estudo, as diferenças no consumo de fruta entre 3 grupos diferentes estão representadas na figura 3f.

7.11.7 Frutos de casca rija e sementes oleaginosas

Uma grande parte das famílias consumia frutos secos e sementes oleaginosas, na sua maioria quinzenalmente ou raramente. Isto pode dever-se ao seu elevado custo. No entanto, no presente estudo, 16, 64 e 72% das famílias HW, SG e SBG, respetivamente, consumiam amendoins diariamente, uma vez que são as sementes oleaginosas mais disponíveis e mais frequentemente cultivadas em Rayalaseema. As restantes famílias de SG e SBG consumiam-no 1-5 vezes por semana. Trinta e dois por cento dos HW consumiam-no menos de uma vez por semana. As diferenças no consumo de amendoim entre os 3 grupos diferentes estão representadas na figura 3g.

7.11.8 Leite e produtos lácteos

O leite é um dos alimentos mais completos disponíveis na natureza para a saúde e a produção de crescimento. Todas as famílias dos 3 grupos consomem leite todos os dias, não sob a forma de leite propriamente dito, mas sob a forma de chá e outras bebidas. Apenas 16% do SBG consumia leite sob a forma de coalhada diariamente. Quarenta e quatro, 76 e 84% dos HW, SG e SBG, respetivamente, consumiam leite de manteiga diariamente. Apenas 8% do GS consumia leite com manteiga de 1 a 5 vezes por semana. As restantes famílias nunca o utilizavam. As diferenças no consumo de leite e produtos lácteos entre 3 grupos diferentes estão representadas na figura 3h.

h. Leite e produtos lácteos

Leite

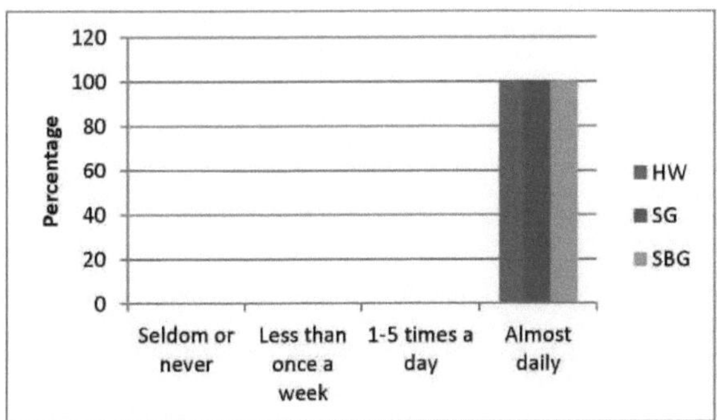

Coalhada

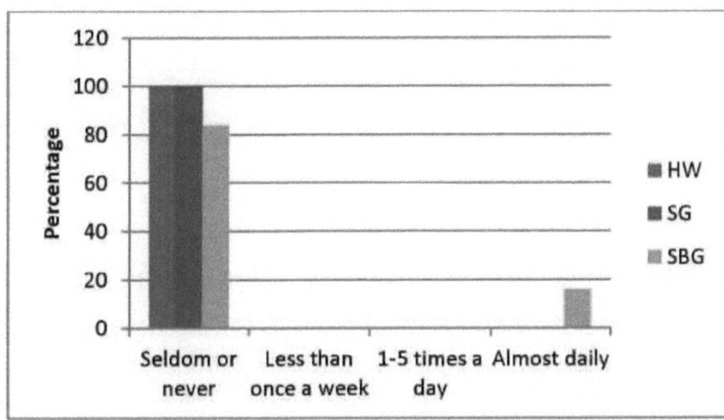

Leite de manteiga

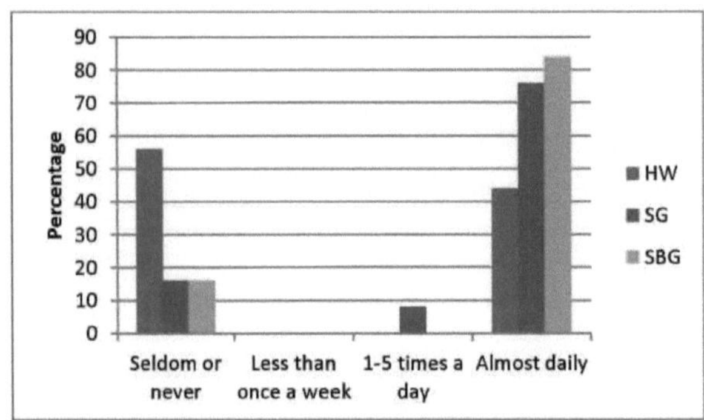

4.11.9 Ovos e produtos à base de carne

O ovo tem um elevado valor biológico. A proteína do ovo pode ser facilmente digerida e a sua qualidade é comparável à da carne. Dezasseis, 32 e 44% dos HW, SG e SBG, respetivamente, consumiam ovo 1-5 vezes por semana, sessenta por cento, 44 e 40% consumiam menos de uma vez por semana e as restantes famílias raramente ou nunca o consumiam. Este consumo elevado deve-se ao facto de o custo do ovo ser inferior ao da carne, das aves de capoeira e do peixe, pelo que a maior parte das pessoas tem dinheiro para o comprar.

A carne é uma proteína rica, pois contém todos os aminoácidos necessários ao ser humano. Embora o custo dos produtos à base de carne seja elevado, 24 e 52% das famílias SG e SBG, respetivamente, consomem carne 1 a 5 vezes por semana. Sessenta e quatro, 44 e 28% das famílias HW, SG e SBG, respetivamente, consumiam-na menos de uma vez por semana. As restantes famílias nunca a consumiram. O consumo de carne por 3 grupos diferentes foi inferior às doses recomendadas. Isto deve-se ao facto de a carne ser o alimento mais caro.

i. **Ovos e produtos à base de carne Ovos**

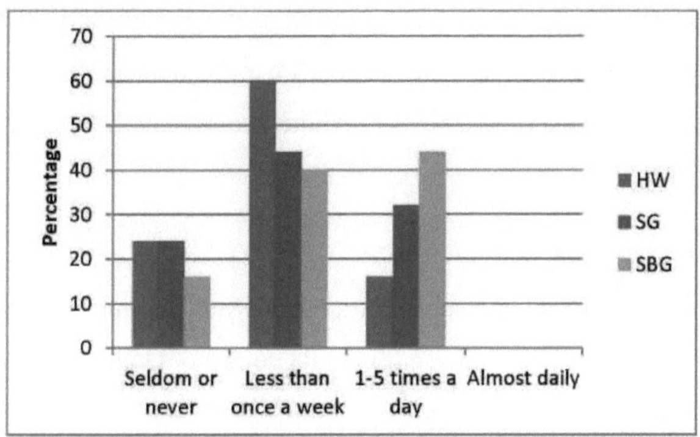

Carne de carneiro

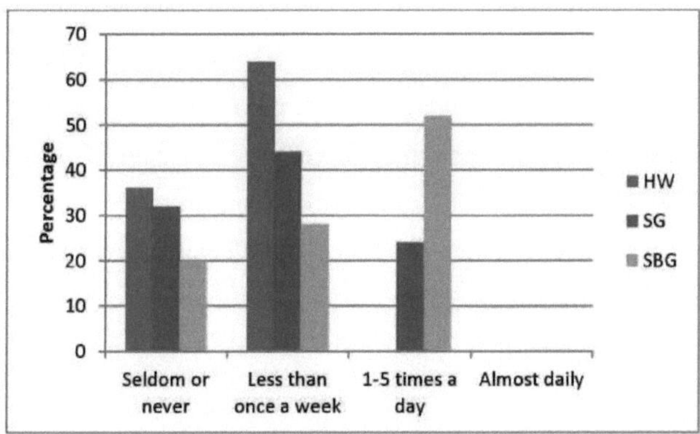

Peixe

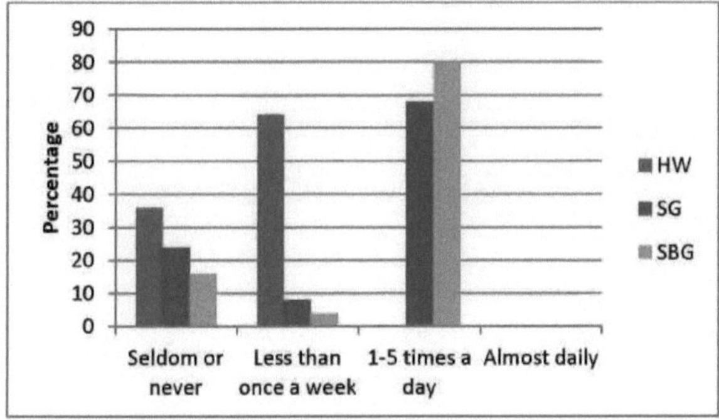

O peixe é encontrado em abundância em quase todas as águas naturais. Sessenta e oito e 80 por cento das famílias SG e SBG, respetivamente, consomem-no de 1 a 5 vezes por semana e 64, 8 e 4 por cento das famílias HW, SG e SBG consomem-no menos de uma vez por semana. As restantes famílias nunca o consumiram. A percentagem de inquiridos que consome peixe foi superior à de carne, uma vez que o peixe é mais barato do que a carne. A diferença no consumo de ovos, carne e peixe entre 3 grupos diferentes é apresentada na figura 3i.

4.11.10 Açúcar

Todas as famílias (100%) dos 3 grupos consomem açúcar diariamente. Mas a quantidade era menor devido ao seu baixo poder de compra e à indisponibilidade de ração. O consumo de açúcar nos 3 grupos diferentes está representado na figura 3j.

4.11.11 Óleo

Os óleos e as gorduras são utilizados por muitas famílias em quase todas as preparações. No estudo entre todas as famílias de 3 grupos diferentes, observou-se o uso de óleo (óleo de amendoim) todos os dias. A forma visível de gordura foi considerada muito reduzida devido aos preços elevados que não estavam ao alcance das pessoas com baixos rendimentos. Esta constatação está de acordo com Chowdary (1988), que verificou um menor consumo de gordura visível entre as famílias de baixos rendimentos. O consumo de óleo de amendoim entre 3 grupos diferentes está representado na figura 3k.

j. açúcar Açúcar

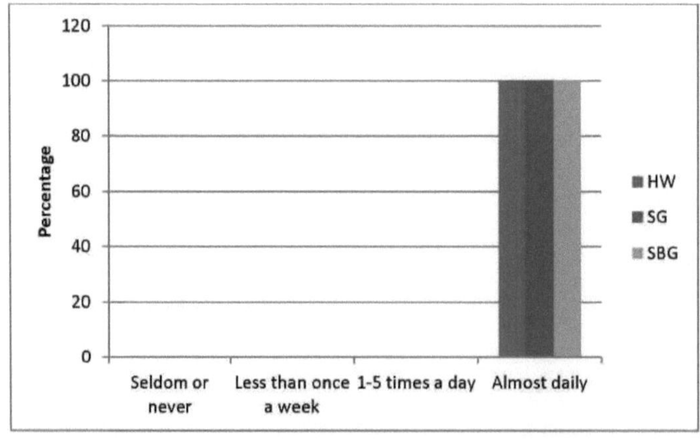

k. óleo alimentar

Óleo de amendoim

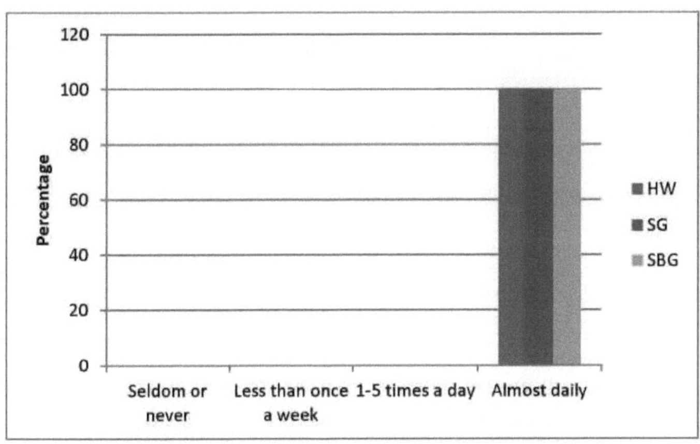

4.12 . Variedade na alimentação da família

O padrão de seleção de alimentos foi examinado quanto à variedade da dieta através da frequência. A percentagem de SG e SBG antes e depois de se tornarem empresários e donas de casa, de acordo com a variedade das suas dietas, é apresentada no quadro 11.

Quadro 11: variedade dos regimes alimentares da família

Alimentos	Frequência	HW	SG		SBG	
			Anterior	Presente	Anterior	Presente
Cereais	1-5 vezes por semana	2.3	3.3	5.0	3.0	4.3
Impulsos	Quase diariamente	0.5	1.0	3.5	1.0	5.2
Vegetais de folha verde	Quase diariamente	3.7	3.8	5.6	4.0	6.1
Outros produtos hortícolas	1-5 vezes por semana	3.5	7.8	10.0	5.2	7.4

Frutos	Quase diariamente	1.4	0.5	5.1	0.7	5.7
Ovos, carne e peixe	1-5 vezes por semana	0.3	4.6	10.3	5.0	14.6

Entre os cereais, o trigo foi introduzido na dieta, para além dos cereais comuns, nomeadamente o arroz e o ragi, com maior frequência pelas mulheres do GS e do GSB, em comparação com o seu consumo antes do início da empresa e com o consumo do grupo HW.

O número de leguminosas (4) e a sua frequência de consumo aumentaram nos grupos empreendedores em comparação com o controlo. Embora o número de verduras utilizadas na dieta fosse o mesmo em ambos os grupos, a sua frequência aumentou. Entre os outros legumes, a frequência também aumentou. As mulheres do grupo SG consumiam apenas uma fruta, a banana, antes do início do empreendimento, mas atualmente foram introduzidos mais tipos de fruta na dieta e a frequência da sua utilização também foi elevada. A variedade e a frequência do consumo de fruta eram menores no grupo de controlo, em comparação com os dois grupos empresariais. A variedade de 2 para 3 e a frequência também aumentaram na utilização de alimentos não vegetarianos pelos dois grupos empresariais, em comparação com o grupo de controlo. É claramente evidente a partir dos dados que a variedade, bem como a frequência, aumentou nos grupos empresariais desde o passado até à atualidade.

4.13 Consumo alimentar das mulheres

Os seres humanos necessitam de vários nutrientes para uma vida saudável. Estes nutrientes são obtidos através dos alimentos que ingerem na sua dieta diária. O tipo e a quantidade de vários alimentos que incluem na sua dieta baseiam-se nas condições socioculturais e económicas. Embora na Índia, o padrão alimentar habitual seja semelhante, o tipo e a quantidade de alimentos incluídos na dieta podem depender da região e do nível socioeconómico do indivíduo.

Um dos métodos importantes de inquérito alimentar geralmente seguido para avaliar a ingestão alimentar dos indivíduos é o método de recordação de 24 horas. Os produtos alimentares consumidos pelas mulheres inquiridas de diferentes grupos antes do dia da entrevista foram recolhidos e os tamanhos das porções foram convertidos em quantidades brutas e comparados com a DDR (ICMR, 1984).

A média da ingestão alimentar das mulheres pertencentes a 3 grupos diferentes em relação à DDR (ICMR, 1984) e a sua percentagem de excedente e de défice é apresentada no quadro 12.

4.13.1 Cereais

Os dados indicaram que a ingestão média de cereais era superior na HW (440,2 gm), SG (429 gm) e SBG (420g) à RDA. Estas conclusões corroboram as de Devadas (1974), que afirmou que, quando o rendimento per capita é baixo, a percentagem de despesas alimentares com cereais é elevada.

Os resultados do presente estudo também estão correlacionados com os de Rajamitra, et al., (1977) sobre o padrão alimentar do Sul da Índia, que revelou que o consumo diário de cereais era muito próximo de 420 g por pessoa. Uma Reddy, et al., (1982) estudaram a ingestão de alimentos e nutrientes de 300 trabalhadores numa zona urbana, com especial referência à ingestão de gorduras, e os resultados revelaram que a ingestão de cereais é elevada, variando entre 441 e 553 gm/dia. O relatório anual do NNMB (1981) revelou que o consumo de cereais pelos indianos era de 361 gms em 1980, tendo diminuído para 321 gms em 1981. A representação gráfica do consumo.

Quadro 12: Composição do consumo alimentar das mulheres em relação ao R.D.A

Produtos alimentares	RDA	HW		SG		SBG	
		Ingestão de alimentos	Percentagem de excedente ou de défice	Ingestão de alimentos	Percentagem de excedente ou de défice	Ingestão de alimentos	Percentagem de excedente ou de défice
Cereais	350	440.2	+25.7	429	+22.57	420	+20
Impulsos	55	28.88	-47.2	46.7 6	-14.5	50.7	-7.2
Vegetais de folha	125	21.16	-83.2	89	-28.8	102	-18.4
Outros produtos hortícolas	75	30	-60	72.6	-2.6	74.3	-1.3

Raízes e tubérculos	75	25.72	-65.3	56.2	-25	59.8	-20
Frutos	17	10.3	-39.4	21.4	+25.8	24	+41.1
Leite	77	32.6	-57.7	76	-1.3	79.2	+2.9
Gorduras e óleos	40	11.96	-70	36.8	-7.5	39.4	-2.5
Açúcar e açúcar de cana	30	17.8	-40	42.4	+40	45	+50
Carne e peixe	30	2.2	-93	8.8	-70	25	-16.6

A figura 4a apresenta o consumo de cereais pelos inquiridos pertencentes a HW, SG e SBG em comparação com a RDA.

4.13.2 Impulsos

A ingestão média de leguminosas pelos 3 grupos diferentes de inquiridos no presente estudo, ou seja, HW (28,88 gm) SG (46,76g) e SBG (50,70 gm) foi inferior à ingestão sugerida de leguminosas (55 gm) pelo ICMR. Assim, a ingestão de leguminosas é inadequada para satisfazer as necessidades do corpo de acordo com as normas nutricionais atualmente recomendadas.

O National Nutrition Monitoring Bureau (NNMB), (1981) efectuou estudos durante a última década para descobrir a ingestão média de leguminosas nos habitantes dos bairros degradados e concluiu que a ingestão diária de leguminosas era inadequada, ou seja, apenas 33 g por dia. O presente estudo estava de acordo com o inquérito realizado por Thimmayamma et al. (1973), que indicava que o consumo de leguminosas pelos inquiridos pertencentes a HW, SG, SBG em comparação com a RDA é apresentado na figura 4b.

4.13.3 Legumes

A quantidade de vegetais de folha consumida pelo SBG (102 gms) e SG (89gms) estava abaixo das quantidades recomendadas (125g). A ingestão de HW (21,16 gms) foi muito baixa em comparação com os outros dois grupos, uma vez que os vegetais de folha eram usados habitualmente nas famílias dos inquiridos (tabela 10). A ingestão média de outros legumes por HW, SG e SBG foi de 30gm, 72,6 gm e 74,3 respetivamente. O consumo de GS e SBG estava próximo das quantidades recomendadas (75gm). Mas o consumo de HW foi muito baixo. A ingestão de raízes e tubérculos também foi inferior aos níveis das quantidades sugeridas (75 mg). A ingestão foi de 25,72 gms, 56,2 gm e 59,8 gm por HW, SG, SBG respetivamente.

Rajamitra e outros (1977) afirmaram que a ingestão de vegetais de folha verde e outros vegetais no grupo de baixo rendimento era extremamente baixa, ou seja, 12gm e 33gm, respetivamente. NNMB (1981) observou que o consumo de vegetais de folha e de outros vegetais entre os habitantes dos bairros de lata era muito baixo, ou seja, 11 g e 40 g, respetivamente. Estas conclusões apoiam as conclusões do presente estudo. A representação gráfica do consumo de legumes (legumes de folha verde, raízes e tubérculos e outros legumes) pelos inquiridos pertencentes a HW, SG e SBG em relação à RDA é apresentada na figura 4c.

4.13.4 Frutos

O consumo médio de frutas foi maior no GS e no SBG, ou seja, 21,4 gm e 24 gm, respetivamente, do que o consumo sugerido (17 gm) pelo ICMR. Mas a ingestão de HW (10,3 gm) foi baixa. A ingestão média de fruta foi maior nas mulheres empresárias devido ao rendimento suplementar destas famílias. A figura 4d apresenta a representação gráfica do consumo de fruta pelos inquiridos pertencentes aos grupos HW, SG e SBG em comparação com a DDR.

4.13.5 Leite

A média de ingestão de leite foi maior no GCS (79,2ml) do que a ingestão sugerida (77ml). Não há muita diferença entre a ingestão do GS (76) e as quantidades recomendadas (77). Mas a ingestão de HW (32,6) foi muito baixa. O estudo de Rajamitra (1977) afirmava que o consumo de leite e produtos lácteos variava entre 40 e 60 gms nos grupos de baixo rendimento. Este facto é corroborado pelo inquérito realizado por NNMB, (1981) que indica que o consumo de leite na dieta dos habitantes dos bairros degradados é inadequado (42 gms) de acordo com o nível recomendado. Estas conclusões corroboram as conclusões do presente estudo, segundo as quais o consumo médio de leite era baixo nas famílias com baixos rendimentos. A representação gráfica do consumo de leite pelos inquiridos pertencentes a HW, SG e SBG em relação à RDA é apresentada na figura 4e.

4.13.6 Gorduras e óleos

A ingestão média de gorduras e óleos de HW, SG e SBG foi de 11,96 gms, 36,8 gm e 39,4 gm, respetivamente. Estas quantidades eram inferiores à quantidade sugerida (40gm). Achaya, (1988) estudou a ingestão média de diferentes óleos na Índia e concluiu que a ingestão diária de óleo vegetal era de 10gm. Um estudo efectuado por Rajamitra (1977) revelou que, na parte sul do país, o consumo de óleo era baixo, situando-se entre 2 e 20 g/dia. Segundo NNMB (1981), o consumo de gorduras e óleos na dieta dos habitantes dos bairros de lata é de 13g/dia. A representação gráfica do consumo de gorduras e óleos pelos inquiridos pertencentes a HW, SG e SBG em comparação com a DDR é apresentada na figura 4f.

4.13.7 Açúcar e jaggery

A ingestão média de açúcar e açúcar cristal foi maior no GS (42,4 gm) e SBG (45 gm) do que as quantidades sugeridas (30gm). Mas a ingestão de HW (17,8 gm) estava abaixo das quantidades recomendadas. O NNMB (1981) indica que a ingestão média de açúcar e de doces na dieta dos habitantes dos bairros degradados é de 20gm/dia. A representação gráfica do consumo de açúcar e de açúcar doce pelos inquiridos pertencentes a HW, SG, SBG em relação à RDA é apresentada na figura 3g.

4.13.8 Carne e peixe

A ingestão média de HW, SG e SBG foi de 2,2, 8,8, 25 gm respetivamente. Estas quantidades são inferiores às quantidades sugeridas (30gm) porque a carne e o peixe são os alimentos mais caros. A representação gráfica do consumo de carne e peixe pelos inquiridos pertencentes a HW, SG e SBG em relação à RDA é apresentada na figura 4h.

De um modo geral, o consumo de cereais, leite, fruta e açúcares foi excedentário no grupo SBG e observou-se uma tendência semelhante no grupo SG, exceto no consumo de leite. Apenas a ingestão de cereais foi excedentária no HW, que é um grupo de controlo. Os dados mostram que os alimentos essenciais, como o leite e a fruta, foram introduzidos na dieta como resultado do empreendedorismo. No entanto, os alimentos para a construção do corpo, como as leguminosas e os alimentos não vegetarianos, e os alimentos protectores, como os legumes e as verduras, ainda são inadequados em comparação com a DDR. Uma vez que o impacto positivo é a tendência, é essencial organizar uma intervenção de educação nutricional juntamente com uma intervenção empresarial para elevar o estado da nutrição e da saúde das famílias a um nível ótimo.

Vijayalakshmi (1991) referiu que, entre as mulheres com emprego remunerado, a ingestão de cereais, leguminosas, leite, gorduras e óleos e frutos era excedentária, ao passo que, entre as trabalhadoras domésticas sem emprego remunerado, a ingestão de cereais e frutos era excedentária quando comparada com a DDR (ICMR, 1984).

Sushma Gupta et al. (1988) concluíram no seu estudo que, com o aumento do rendimento per capita, há uma forte tendência para a substituição de cereais baratos por outros produtos alimentares, como leite e produtos lácteos, frutas, gorduras e açúcares. Também referiu que as dietas das mulheres que trabalham e das que não trabalham eram largamente carentes em folhas verdes, ovos e carne.

Fig.3 Comparação da ingestão alimentar das mulheres em relação à DDR

a. Cereais

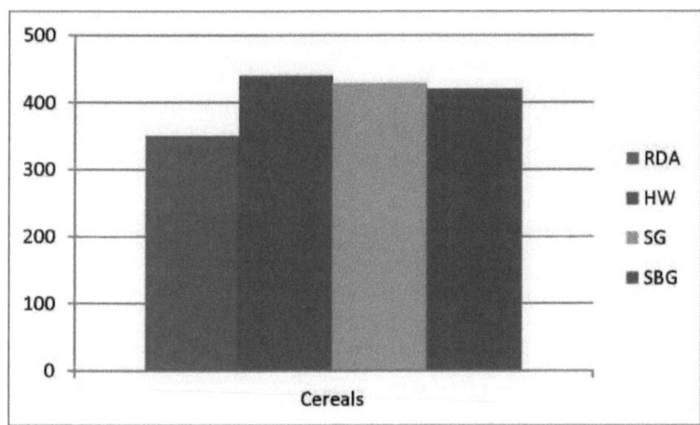

b. Impulsos

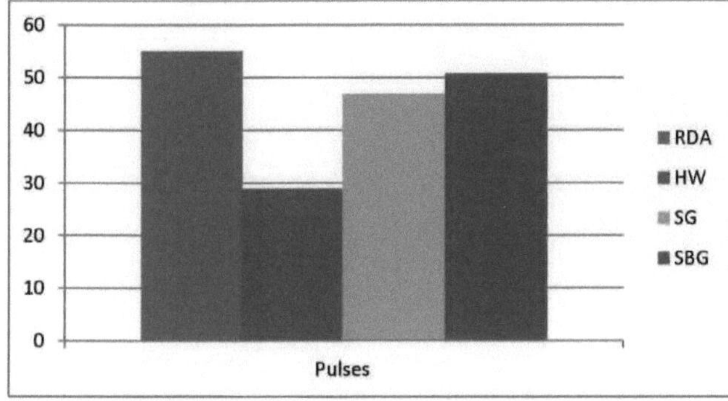

c. Vegetais de folha

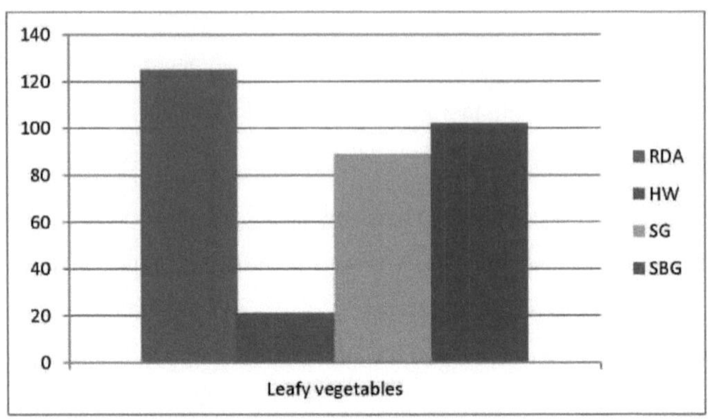

d. Outros produtos hortícolas

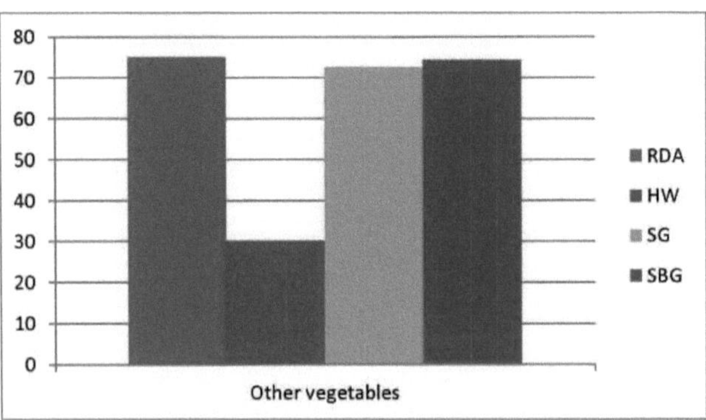

e. Raízes e tubérculos

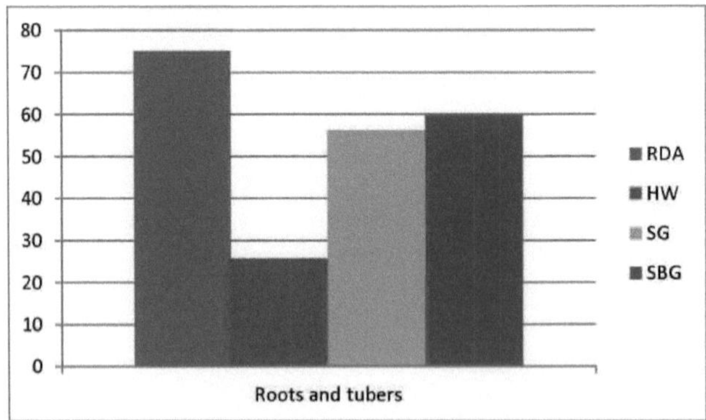

f. Frutos

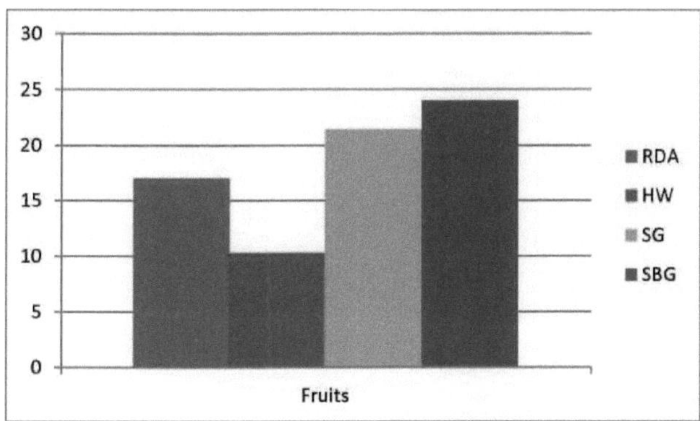

g. Leite

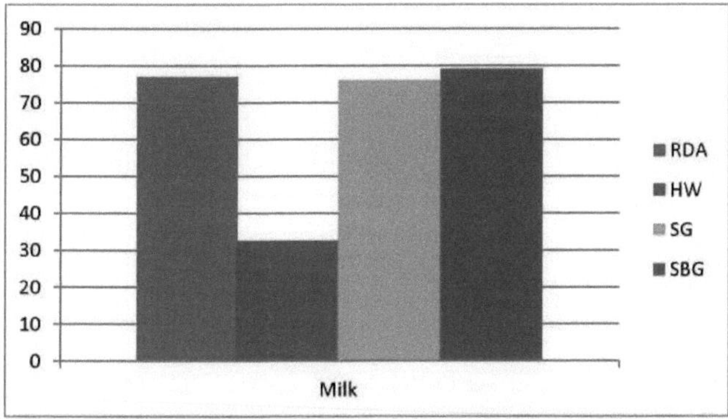

h. Gorduras e óleos

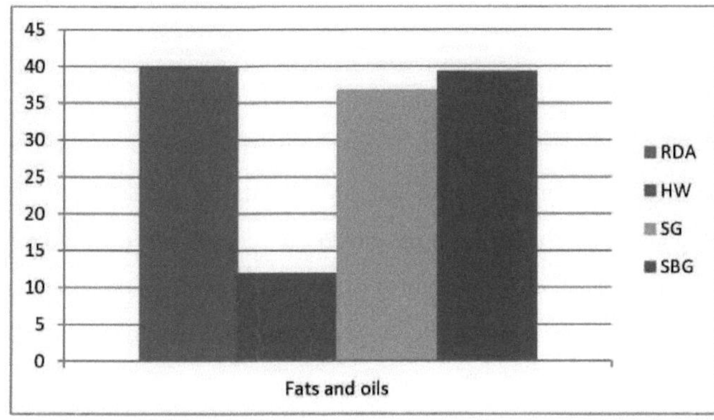

i. Açúcar e açúcar de cana

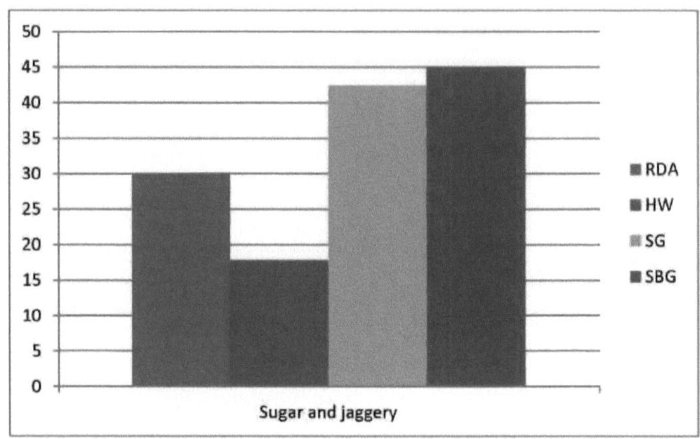

j. Carne e peixe

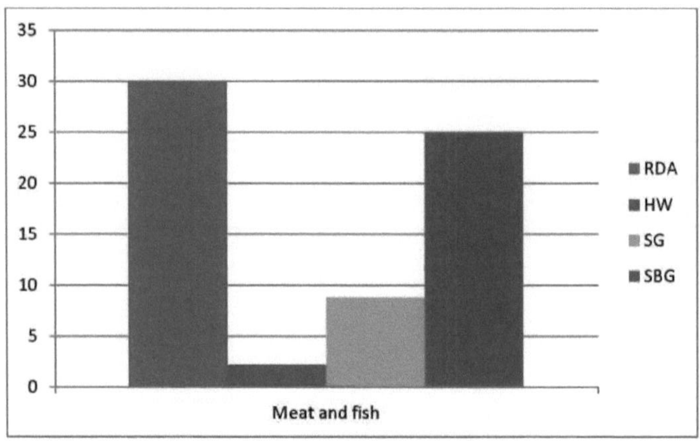

4.14 Frequência da preparação dos alimentos

A frequência da preparação de alimentos entre os vários agregados familiares dos inquiridos é apresentada no quadro 13. A frequência das refeições preparadas e a quantidade de alimentos consumidos em cada refeição reflecte-se no estado nutricional, juntamente com vários outros factores. Mais de metade dos inquiridos em 3 grupos (65,3%) preparava a comida duas vezes por dia. Vinte e cinco vírgula três e 9,3% preparavam a comida três vezes por dia e uma vez por dia, respetivamente.

Quadro 13: Frequência da preparação dos alimentos

Frequência da preparação dos alimentos	Número de inquiridos nos diferentes grupos							
	HW		SG		SBG		Total	
	Número	Percentagem	Número	Percentagem	Número	Percentagem	Número	Percentagem
Uma vez por dia	0	0	0	0	7	28	7	9. 3
Duas vezes por dia	19	76	14	56	16	64	49	65.3
Três vezes por dia	6	24	11	44	2	8	19	25.3
Total	25	100	25	100	25	100	75	100.0

Quando se comparam os 3 grupos diferentes, apenas as mulheres do SBG (28%) preparam a comida uma vez por dia, uma vez que estão envolvidas no seu negócio. A maioria (76%) das mulheres do grupo HW prepara a comida duas vezes por dia, seguidas do grupo SBG (64%) e do grupo SG (56%). Quarenta e quatro e 24% dos SG e HW preparam comida três vezes por dia. Apenas 8% dos SBG preparam a comida três vezes por dia devido à falta de tempo para a preparar. No geral, uma percentagem elevada de agregados familiares femininos seguia o padrão de preparação de 2 refeições por dia.

4.15 Padrão de refeições

O padrão de tomada de refeições pelos inquiridos de 3 grupos diferentes num dia é apresentado no quadro 14. O consumo de refeições, por sua vez, reflecte o estado nutricional das mulheres. Embora o consumo de alimentos seja de duas ou três vezes por dia, a dieta das mulheres é geralmente pobre em quantidade e qualidade.

Quadro 14: Distribuição percentual dos inquiridos de acordo com a frequência com que comem

Número de	Número de inquiridos nos diferentes grupos			
	HW	SG	SBG	Total

vezes que come	Número	Percentagem	Número	Percentagem	Número	Percentagem	Número	Percentagem
1	0	0	0	0	0	0	0	0
2	4	16	2	8	4	16	10	13.3
3	18	72	22	88	20	80	60	80.0
4	3	12	1	4	1	4	5	6.7
Total	25	100	25	100	25	100	75	100.0

No presente estudo, entre um total de 75 mulheres de 3 grupos diferentes, 80% das mulheres comiam três vezes por dia, 13,3% comiam duas vezes por dia e 6,7% comiam quatro vezes por dia. Em comparação com os 3 grupos, 16% das SBG e HW e 8% das SG comiam duas vezes por dia. A maioria dos inquiridos do grupo HW (72%), SG (88%) e SBG (80%) comia três vezes por dia. Um número comparativamente menor de SBG (4%), SG (4%) e HW (12%) comia quatro vezes por dia.

4.16 Consumo de snacks

A distribuição dos inquiridos de acordo com o consumo de refeições ligeiras preparadas em casa e fora de casa é apresentada no quadro 15.

Quadro 15: Distribuição percentual dos inquiridos de acordo com o consumo de snacks

Grupos de inquiridos	**Lanches preparados em casa**		**Snacks comprados no exterior (mercado)**	
	Número	**Percentagem**	**Número**	**Percentagem**
HW	8	17.8	11	25
SG	16	35.5	14	31.8
SBG	21	46.7	19	43.2
Total	45	100.0	44	100.00

Observou-se que, nas casas dos inquiridos com maior rendimento mensal (GF), o consumo de snacks foi superior ao dos outros dois grupos. A porcentagem de indivíduos pertencentes ao SBG (46,7%) tem o hábito de consumir lanches preparados em casa entre as refeições, o que foi maior do que no GS (35,5%) e no HW (17,8%). O percentual de indivíduos pertencentes ao SBG (43,2%) e o hábito de tomar lanches preparados fora de casa entre as refeições também foi maior do que no GS (31,8%) e no HW (25%). Os dados indicam que o consumo de lanches foi menor no grupo HW em comparação com os outros dois grupos. Isto pode dever-se ao facto de as mulheres terem um rendimento suplementar para as famílias.

Grotwoski e Sims, (1978) afirmaram que as pessoas que comiam mais refeições ligeiras tinham as dietas mais satisfatórias e também uma maior ingestão de nutrientes. As diferenças no consumo de refeições ligeiras preparadas em casa e fora de casa pelos diferentes grupos de inquiridos estão representadas nas figuras 4a e b.

4.17 Práticas de cozinha desejáveis adoptadas pelas mulheres

Alguns alimentos como a fruta, os legumes e os frutos secos eram consumidos crus. É bom que sejam consumidos crus, uma vez que, no estado cru, retêm a maior parte do seu valor nutritivo. No entanto, a maioria dos alimentos foi consumida na forma cozinhada. A cozedura dos alimentos melhora o sabor, a textura e a aparência e torna os alimentos mais palatáveis e facilmente digeríveis, mas quando os alimentos são submetidos ao calor ocorrem muitas alterações indesejáveis, havendo alguma destruição de vitaminas, proteínas e lípidos, o que é prejudicial para o valor nutricional dos alimentos.

Fig.4: Práticas de consumo de lanches

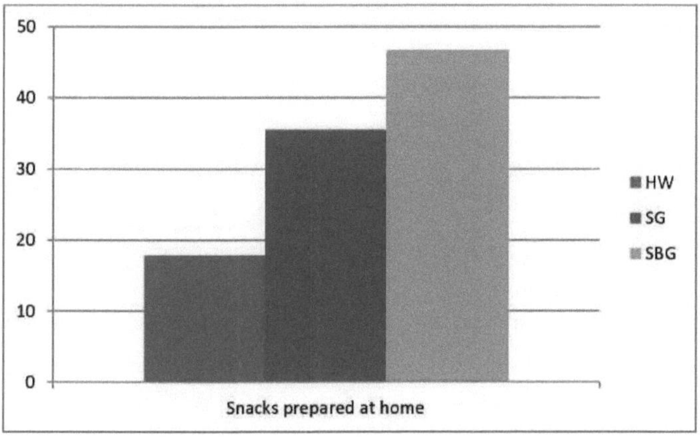

a. Preparado em casa

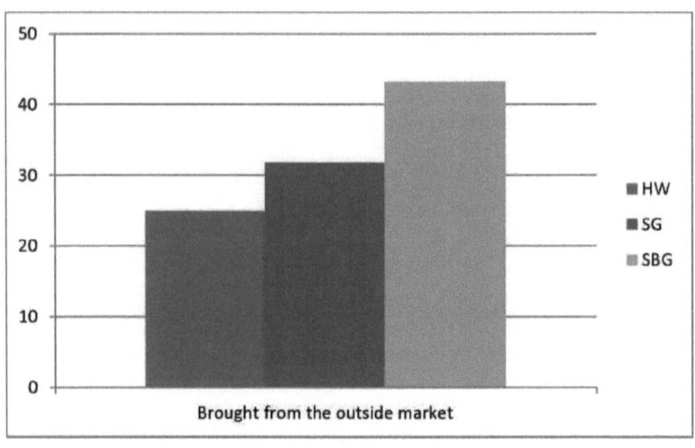

b. Trazido do mercado externo

As práticas culinárias desejáveis adoptadas por três grupos diferentes de mulheres são apresentadas no quadro 16.

Tabela: 16 Adoção de práticas culinárias desejáveis

Métodos de cozedura	HW		SG		SBG	
	Total	Média	Total	Média	Total	Média
Absorção	27	1.08	34	1.36	38	1.5
Cozinhar a vapor	33	1.32	42	1.68	44	1.76
Cortar os legumes em pedaços maiores	25	1.0	36	1.44	40	1.6
Cozinhar apenas com a quantidade necessária de água	25	1.0	36	1.44	40	1.6
Média geral total	**110**	**1.11**	**148**	**1.48**	**162**	**1.62**

As empresárias adoptaram melhores práticas de cozinha do que as donas de casa. As pontuações médias indicaram que as SBG (1,62) e SG (1,48) adoptaram melhores práticas de cozinha do que as HW (1,11). No entanto, não foram observadas diferenças significativas entre os três grupos de mulheres. A partir destes resultados, não é possível tirar conclusões definitivas, mas foi observada uma tendência positiva entre as mulheres do SBG e do GS como resultado do empreendedorismo.

Os resultados estão em consonância com os resultados de Vijayalakshmi (1991), segundo os quais os métodos desejáveis de cozinhar foram adoptados por uma percentagem maior de famílias após o período do projeto (Projeto Gerador de Rendimento). A adoção do método de absorção de cozinhar e de cortar os legumes em pedaços maiores por uma grande percentagem de famílias deveu-se ao facto de as mulheres trabalhadoras terem sido expostas e compreenderem as vantagens destes métodos enquanto trabalhavam fora e terem podido adotar prontamente estes procedimentos.

Gupta e Punekar, (1975) estudaram os diferentes métodos de cozedura no conteúdo vitamínico dos alimentos e concluíram que ocorrem algumas perdas de vitaminas durante a cozedura. Nas leguminosas e vegetais, as perdas devem-se ao efeito de lixiviação das vitaminas para a água de cozedura. Cozinhar apenas a quantidade necessária de água foi considerado o melhor método do que utilizar uma grande quantidade de água. McIntosh, (1982) afirmou que as perdas de nutrientes durante a cozedura dependem das condições de cozedura e da estabilidade dos nutrientes.

4.18 Estado nutricional e de saúde

O estado nutricional e de saúde das mulheres dos três grupos, avaliado pela ocorrência de doenças e sintomas clínicos de deficiências nutricionais, é apresentado nas tabelas 17 e 18. A situação de morbilidade foi avaliada tendo em conta as doenças comuns como a febre, a diarreia, a anemia, a poliomielite e as doenças de pele.

Quadro 17: Ocorrência de doenças

Nome da doença	HW		SG		SBG	
	Total	**Média**	**Total**	**Média**	**Total**	**Média**
Febre	47	1.88	36	1.44	35	1.4
Diarreia	44	1.76	34	1.36	32	1.28
Anemia	41	1.64	38	1.52	36	1.44
Poliomielite	27	1.08	26	1.04	25	1.00
Doenças de pele	30	1.20	27	1.08	26	1.04
Média geral total	**189**	**1.58**	**161**	**1.32**	**154**	**1.26**

As pontuações médias de morbilidade foram inferiores entre as mulheres do GCS (1,26) e do

GS (1,32) em comparação com as do HW (1,58). Embora se tenha registado uma tendência positiva, não foram observadas diferenças significativas entre os três grupos de mulheres.

A situação de carência nutricional foi avaliada tendo em conta as carências comuns, como a carência de vitamina A, a carência de vitamina B, a carência de ferro e a desnutrição proteico-calórica. As pontuações médias das carências nutricionais foram mais baixas nas mulheres SBG (1,15) e SG (1,24) do que nas HW (1,89). Também aqui não foram observadas diferenças significativas. Estes resultados indicam uma tendência positiva, como resultado do empreendedorismo. Esta tendência de melhoria do estado nutricional e de saúde das mulheres será ainda mais reforçada se as intervenções empresariais forem apoiadas por uma intervenção de educação nutricional.

Quadro 18: Sintomas de carência nutricional

Doença de deficiência	**HW**		**SG**		**SBG**	
	Total	**Média**	**Total**	**Média**	**Total**	**Média**
Deficiência de vitamina A	33	1.32	31	1.24	27	1.08
Deficiência de vitamina B	36	1.44	30	1.20	29	1.16
Deficiência de ferro	40	1.6	36	1.44	33	1.32
Desnutrição proteica e calórica	29	1.16	26	1.04	25	1.00
Média geral total	**138**	**1.39**	**123**	**1.24**	**114**	**1.15**

A saúde é um modo de vida. É um estado de completo bem-estar físico, mental e social. Embora a esperança de vida das mulheres indianas tenha aumentado em mais de 20 anos e a mortalidade infantil feminina tenha diminuído nos últimos 40 anos, há poucos indícios de melhorias substanciais na saúde e no estado nutricional dos sobreviventes (Gopalan, 1989). Por conseguinte, são necessários esforços concertados em todos os domínios para melhorar a situação.

4.19 Utilização dos serviços de saúde

A distribuição percentual dos diferentes grupos de inquiridos de acordo com a utilização dos serviços de saúde é apresentada no quadro 19. No presente estudo, cerca de um por cento das mulheres do grupo de mulheres com filhos e 88% das mulheres do grupo de mulheres com filhos utilizam serviços hospitalares privados, enquanto apenas 36% das mulheres com filhos dependem de hospitais privados. Os restantes 64% das mulheres do sexo masculino e 12% das mulheres do sexo masculino utilizam os serviços hospitalares do Estado. Estes resultados indicam que, quando as mulheres ganham, podem gastar dinheiro na saúde e obter melhores cuidados de saúde.

Tabela 19 : Utilização dos serviços de saúde

Grupo	**Hospital Público / PHC**	**Hospital privado**	**A.W.C .**
Mulher doméstica	64	36	. .
Grupo de poupança	12	88	. .
Poupança e grupo empresarial	. .	100	. .

CAPÍTULO 5

RESUMO E CONCLUSÕES

As mulheres são responsáveis por um grande número de actividades relacionadas com a produção de alimentos e a aquisição de produtos saudáveis, a preparação e o serviço de alimentos, a criação de um ambiente seguro e limpo, o abastecimento de água e os serviços de saúde curativos. Estas actividades dependem não só do seu controlo dos recursos, mas também das normas socioculturais existentes sobre o papel das mulheres na sociedade. A independência económica das mulheres é essencialmente um pré-requisito para melhorar o seu estatuto e, em última análise, para alcançar a libertação quando as mulheres têm um rendimento suplementar, o seu nível de vida melhora. Assim, as mulheres são produtoras, transformadoras e distribuidoras de alimentos para as suas famílias. Elas são as "principais fornecedoras de nutrição" das suas famílias.

O presente estudo foi realizado com o objetivo de conhecer o impacto do empreendedorismo feminino na nutrição familiar e no estado de saúde. O estudo é constituído por mulheres empresárias pertencentes a três grupos diferentes, nomeadamente, Mulheres da Casa (HW), Grupo de Poupança (SG) e Grupo de Poupança e Negócios (SBG). Os grupos de mulheres selecionados provinham de Tirupati, onde o esquema de geração de rendimentos das mulheres (WIGS) foi implementado pela Rayalaseema Seva Samithi (RASS), uma organização voluntária. O estudo foi efectuado em 75 indivíduos, 25 de cada uma das três categorias.

Foi utilizada a técnica de amostragem aleatória estratificada em duas fases para a seleção da amostra para o estudo. Foram selecionadas quatro zonas de entre as 14 zonas onde o WIGS está a funcionar no âmbito do RASS na cidade de Tirupati. Destas zonas, foram selecionadas aleatoriamente 75 mulheres geradoras de rendimentos.

Foi elaborado um questionário para recolher os dados, que foi pré-testado numa amostra de 20 pessoas, em quatro zonas selecionadas de Tirupati. Com base nos resultados do estudo-piloto, o questionário foi devidamente modificado e utilizado no estudo final. A informação foi recolhida ao longo dos tópicos, ou seja, 1. informação geral; 2. informação dietética e 3. avaliação clínica, utilizando a técnica de entrevista.

A informação geral inclui o perfil da amostra em relação à idade, família, rendimento, método de padrão de despesas; a informação dietética foi recolhida para estudar a melhoria nutricional, para a qual foram considerados parâmetros como o padrão de seleção de alimentos, o padrão de consumo de alimentos, a ingestão diária de alimentos, as práticas de cozinha e a frequência de consumo de snacks. O padrão de seleção de alimentos foi avaliado utilizando o método sugerido por Hurley, (1992). A variedade da dieta foi avaliada comparando a frequência anterior e atual da seleção de alimentos das mulheres. A ingestão alimentar de um dia foi medida segundo o método de recordação do dia anterior. A ingestão média de alimentos foi calculada e comparada com a Dose Diária Recomendada (DDR) (Conselho Indiano de Investigação Médica, ICMR, 1984), obtendo-se a percentagem de excedente e a percentagem de défice de alimentos na dieta. A adoção de práticas culinárias desejáveis foi avaliada através de uma técnica de pontuação. Foram também recolhidos dados relativos à frequência do consumo de snacks.

Para estudar o estado de saúde, foram considerados a ocorrência de doenças, os sintomas de deficiência nutricional e a utilização dos serviços de saúde disponíveis. A ocorrência de cinco doenças comuns foi avaliada através de uma técnica de pontuação. As deficiências nutricionais foram diagnosticadas através da observação de sintomas clínicos e considerando as deficiências comuns. A mesma técnica de pontuação foi seguida para analisar os dados. A utilização dos serviços de saúde foi verificada através da técnica de entrevista pessoal. A análise dos resultados foi efectuada através da análise percentual e da análise estatística utilizando a média e o teste 'z'.

O padrão de seleção de alimentos, a ingestão de alimentos, as práticas culinárias desejáveis, o estado nutricional e de saúde em termos de ocorrência de doenças comuns e sintomas clínicos de deficiências nutricionais e a utilização de serviços de saúde por dois grupos de empresários em comparação com as donas de casa foram tabulados e comparados para revelar o impacto do empreendedorismo nas mulheres. Os resultados deste estudo indicaram que a seleção e o consumo de alimentos pelas mulheres do grupo de poupança e do grupo de poupança e negócios melhoraram em comparação com o seu consumo antes do início da empresa e com as donas de casa. A frequência do consumo de alimentos aumentou nos grupos empresariais em comparação com o grupo de controlo e a variedade e a frequência aumentaram nos grupos empresariais.

Os consumos médios de leguminosas, vegetais de folha, outros vegetais, raízes e tubérculos, gorduras e óleos e alimentos não vegetarianos estavam abaixo das necessidades dietéticas recomendadas pelo ICMR, (1984). O rendimento parece ter maior influência na qualidade da dieta consumida pelos indivíduos no presente estudo. As mulheres pertencentes ao grupo de poupança e negócios (SBG), cujo rendimento era superior ao dos outros dois grupos, consumiam qualitativamente uma boa dieta em comparação com os outros dois grupos e a ingestão de fruta, leite e açúcares era excedentária quando comparada com a RDA (ICMR, 1984). Foi observada uma tendência semelhante no grupo de poupança (GS), cujo rendimento era superior ao das donas de casa (DH), exceto no que se refere ao leite. Em comparação com os grupos SG e SBG, o consumo médio de vários alimentos, exceto cereais, foi menor no grupo de controlo (HW).

As práticas culinárias desejáveis foram adoptadas por um maior número de mulheres empresárias (SG e SBG) em comparação com as HW. Embora não tenham sido observadas diferenças significativas entre os 3 grupos diferentes, foi observada uma tendência positiva entre as mulheres empresárias como resultado do empreendedorismo. A frequência do consumo de snacks também foi maior no grupo SBG e SG do que no grupo HW. Este facto pode dever-se a um rendimento suplementar nas famílias do grupo SBG e SG.

O estado nutricional e de saúde das mulheres dos três grupos foi avaliado pela ocorrência de doenças e pela presença de sintomas clínicos de deficiências nutricionais. Os resultados indicaram a tendência positiva de melhoria do estado nutricional e de saúde das mulheres, até certo ponto, como resultado do empreendedorismo.

Cent por cento das mulheres do SBG e oitenta e oito por cento das mulheres do SG utilizaram serviços hospitalares privados, enquanto apenas 36 por cento das donas de casa dependiam de serviços hospitalares privados. O restante grupo de HW utilizou os serviços hospitalares do Governo. Estes resultados indicam que, quando as mulheres ganham dinheiro, isso permite-lhes gastar dinheiro em melhores cuidados de saúde.

Os resultados do presente estudo indicam que, à medida que o rendimento aumenta, a percentagem de dinheiro gasto em alimentos diminui e a percentagem de dinheiro gasto em diferentes artigos aumenta. Em comparação com os outros dois grupos, a percentagem de dinheiro gasto em alimentos foi maior no grupo HW.

Desde o início das funções empresariais, observou-se que as mulheres estavam motivadas para canalizar o seu rendimento para uma melhor seleção de alimentos em termos de variedade e frequência e para uma melhor utilização dos serviços de saúde. Embora não haja um impacto significativo no estado nutricional e de saúde e na adoção de práticas culinárias desejáveis pelas mulheres, notou-se uma tendência positiva na melhoria do estado nutricional e de saúde da família. A ingestão de alimentos melhorou de um modo geral, mas verificaram-se algumas insuficiências na ingestão de alimentos para a construção do corpo e de alimentos protectores, em comparação com a DDR. Uma das razões é o facto de as mulheres não estarem conscientes dos conceitos e práticas científicas em matéria de nutrição e saúde. Por conseguinte, é essencial uma intervenção educativa sobre nutrição para reforçar o impacto positivo do empreendedorismo feminino na melhoria da nutrição e da saúde da família.

SUGESTÕES

1. Seria muito útil se este estudo fosse efectuado para todo o Estado.

2. Observou-se que a maioria dos inquiridos não seguia as práticas culinárias desejáveis e não consumia alimentos nutritivos, apesar de serem baratos, devido à falta de educação nutricional. Por isso, é possível realizar um estudo mais aprofundado, dando educação nutricional aos inquiridos e observando o impacto dessa educação no seu estado nutricional e de saúde.

BIBLIOGRAFIA

1. Achaya, K.T. e Rajamitra, 1974. "Some highlights of Food Patterns of South India", Actas da Sociedade de Nutrição da Índia, NIN, Hyderabad, 18:18.

2. Achaya, K.T.,1988. "Fat requirements and availability in India in both low and high income groups", Nutrition Abstracts and Reviews, 58 (11), 859.

3. Annan,1980. "The study of the Acceptability of a weaning food among Ghanian Children", Tese de Mestrado não publicada, Universidade de Cornell, Ithaca, N.Y.

4. Badlani, A., 1993. "Entrepreneurship - A concetual framework", Actas suplementares da conferência mundial da ENEDC sobre empreendedorismo, Dynamic Nanyang Technological University, Signapore.

5. Bajpai, S.R.,1984. "Methods of Social Survey and Research", Narrative Interview, KitabGhar Publishers, Kanpur, 211.

6. Barbara, R.,1980. "Women and Men- The Division of Labour", The domestication of Women, Discrimination in Developing countries, Tavistock Publication, Nova Iorque, 13-17.

7. Bourne, G.H.,1986. "Nutrition of Women and Energy": World Review of Nutrition and Dietetics, 52; 3.

8. Brahmam, G.N.V. Ranath, T., Sastry, J.C., Raghavan, V. e Rao, P.,1989. "Diet and Nutritional Status of Urban Population" Nutrition News National Institute of Nutrition, Hyderabad, 6 (2), 59-61.

9. Bull, N.L. e Wheeler, E.F.,1981. "A study of different survey methods among 30 civil servants", Human Nutrition, Applied Nutrition, 40; 60-66.

10. Caldwell, J.C.,1979. "Education as a fator of mortality decline, An examination of Nigerian data, Population Studies, 33; 395-413.

11. Chandralekha, K. Venkataramaiah, S.R. Rajini, N.,1993. "Dynamics of Women entrepreneurship", Actas Suplementares da conferência mundial da ENDEC sobre Empreendedorismo, Dynamic Entrepreneurship, Universidade Tecnológica de Nanyang, Singapura.

12. Chatterjee, M.,1985. "Socio-economic and socio-cultural influences on women's nutritional status and roles", women and Nutrition in India, Nutrition Foundation of India,

296-320.

13. Chowdary, K., 1968. "Nutrition in India", Human Nutrition and Dietetics, 16; 30.

14. Chowdary, M., 1988. "Fat intake by urban low income families of Udaipur", Nutrition Society of India, Scientific Programme and abstracts, National Institute of Nutrition, Hyderabad, 53; 119.

15. Dandekar, K., 1973. "Sex ratio in India", Poona, Instituto Gokhale de Economia e Política.

16. Devadas, R.P. 1969, "Social and Cultural implications of Food and Food habits", American Journal of Public Health, 47; 732.

17. Devadas, R.P. 1977, "Discussion on Nutritional requirements of women", Proceedings of Nutrition Society of India, 21; 97.

18. Devadas, R.P. 1986, "Interfamily food intake of selected household and food consumption patterns of pregnant women", Indian Journal of Nutrition and Dietetics, 23; 343.

19. Gaur, S.S. and Badlani, A. 1993, "Entrepreneurial Innovation in India- Opportunities and challenges; Supplementary proceedings of the ENDEC world conference on Entrepreneurship, dynamic entrepreneurship, Nanyang Technological University, Singapore.

20. Gayatri Chand, Gupta, S., Sharma, S. 1988., "Perception of ICDS functionaries and their role in eliciting peoples support" proceedings of Nutrition Society of India, 34; 123.

21. Gazdar, M.K. 1991, "Women Entrepreneurs in India their status and contributions", actas da conferência mundial ENDEC sobre espírito empresarial e mudança inovadora, Universidade Tecnológica de Nanyang, Singapura, 47-53.

22. Gopalan, C. 1985, "The Mother and Child in India", Economic and Political Weekly, 20; 4.

23. Gopalan, C. 1989, "Women and Nutrition in India", Boletim do Instituto Nacional de Nutrição, 10 (4); p.4.

24. Gopalan, C. 1991, "The National Nutrition Scene; The Changing Profile, Proceedings of Nutrition Society of India, National Institute of Nutrition, Hyderabad, 37; 1-23.

25. Gopalan, C. 1993, "Health and Nutritional Status of India's children and women suggested strategies for Rapid Improvement", Indian Association of Social Science

Institution, Quarterly 11; 37-40.

26. Gopaldas, T.1986., "Women Programmes in a National Nutrition Policy in India" - Towards the implementation of a national nutrition policy in India Indian Council of Medical Research, Delhi, 91-96.

27. Grotwoski, M.L. e Sims, L.S. 1978, "Nutritional knowledge attitudes and dietary practices of the adults. The Journal of American dietetic Association, 72 (5); 499-506.

28. Gulati. 1982, "Women in the Unorganised sector with special reference to Kerala"; Centre for Development Studies, Trivendrum, 22.

29. Gupta, S. Kawatra e Bajaj, 1988, "Consumption of Energy intake and body weight of Indian Adult Women from different socio-economic groups, proceedings of Nutrition Society of India, 34; 130-131.

30. Helmick, S.A. 1978, "Family living patterns, Projections for the future", Journal of Nutrition Education.

31. Harley, J.S. 1992, "The Balancing Act", Nutrition and Health, Wellness: The Dushkin Publishing Group, Inc/Sluice Dock Guildford, 22-27.

32. Jain, A. 1984, "Determinants of regional variations in infant mortality in India", documento de trabalho, Conselho da População, Nova Iorque.

33. Jestrum e Ranner. 1986, "Food habits of Baharani Housewives", Nutrition Reviews and abstracts, 32; 891.

34. Jesudasan, V. e Chaterice, M. 1980, "Interrelationship of health indices of women in two rural communities", social change, Journal of the Council for Social Development, 27-34.

35. Jyothi, R.T. e Rajaiah, B. 1988 "Female Population", literary and employment some observations, Indian Journal of Social Welfare, 49 (3); 245.

36. Kao, R.W.Y. 1993, "Editorial", "A Matter of Definition" ENDEC's contribution to Entrepreneurship and small business Development Research, Journal of small business and enterprenurship, Nanyang Technological University, 10 (3), 45.

37. Kapadiya, Bose. 1963, "Marriage-Marriage and family in India", Oxford University Press, Bombaim, 244-281.

38. Katone e Apte. 1977, "Helping Women, "Improve Nutrition in Developing Countries, 1-16.

39. Kent, C.A., e Sexton, D.L. e Vesper, K.H. 1982, "Encyclopedia of Entrepreneurship", Prentice Hall.

40. Khan, M.E. Dastidar, Bella, Patel, C. 1984., "Women's health", determination of intra house allocation of food, Nutrition abstracts and reviews, 31; 629.

41. Kondaiah. 1986, "A Study on food consumption pattern in Assam", Indian Journal of Nutrition and Dietetics, 28; 335.

42. Krishna Das, K.V. 1980, "Nutritional Anaemias in Kerala. Actas da Sociedade de Nutrição da Índia, 68.

43. Krishna Murthy, K.G. 1986, "Formulation and Implementation of Nutrition Policies and Programmes, towards the implementation of a National Nutrition Policy in India - Indian Council of medical Research, Delhi, 83-88.

44. Lalchand. 1983, "Consumption patterns of Vegetables by Salaried class in India", Indian Journali of Nutrition and Dietetics, 350.

45. Lee, M.L.T. 1991, "Women Entrepreneurs", An Emerging Force in the Business World, Actas da Conferência Mundial sobre Empreendedorismo e Mudança Inovadora, Universidade Tecnológica de Nanyang, Singapura, 454-457.

46. Mac Leod. 1972, "Methods of Dietary Assessment" (Métodos de Avaliação do Regime Alimentar), Publicações Alnguist e Wilkseel, Suécia, 118-128.

47. Majumdar, V. 1990, "Women Workers in India", Chanakya Publications, Delhi, 1990, 69; 141, 239.

48. McIntosh. 1982, "Retension of ascorbic acid and loss in different cooking methods" Indian Journal of Nutrition and Dietetics, 35 (5); 282.

49. Mencher, J. e Sardamoni, K. 1982, "Muddy feet and dirty hands", Rice production and female agricultural labour, Economic and Political Weekly, 17; (52)

50. Mishra, S. 1989, "Special features in problems and Social Adjustments", Gain Publishing Home, New Delhi, 149.

51. Nagamani, P.1990., "Role of Rural Women in Dairy Entrepreneurship", tese de

mestrado não publicada, Universidade S.V., Tirupati

52. NarasingaRao.1991., "Consumption Pattern of Various food items in Andhra Pradesh", Journal of Nutrition and Dietetics, 28; 231.

53. Narojek e Stovska, D. 1981, "Nutrition Abstracts and Reviews", Series, A, 68 (3); 285.

54. NIN. 1980, "A Study on Pulse Consumption Among Various families residing in Andhra Pradesh, National Institute of Nutritional Annual Report, 69.

55. Relatório Anual do NIN. 1988-89, "Pulse consumption in the Country" (Consumo de leguminosas no país), Instituto Nacional de Nutrição, Hyderabad.

56. Relatório NNMB. 1981, "National Nutrition Monitoring Bureau Changes in diet and Nutritional profile of rural population, report for the year 1982, National Institute of Nutrition, Hyderabad.

57. Nayak, M. 1992, "Women Entrepreneurs", Need for Supportive services, Journal of Social Welfare, 38.

58. Pacey, A. 1985, "Wefining Malnutrition", Agricultural Development and Nutrition, Hutchinson by Arrangement with Fao and UNICEF, 37-50.

59. Palloni, A. 1981, "Mortality in Latin America", Review 7, Population Development, 623-649.

60. Pareek, U. e Nadkarni, M. 1971, "Development of Women Entrepreneurship", A concetual model developing entrepreneurship, learning systems, New Delhi.

61. PrahladRao, N., Sastry, G.J. e Naidu, N.A. 1991, "Changing Patterns in Nutrition, Proceedings of Nutrition Society of India, National Institute of Nutrition, Hyderabad, 37; 329-353.

62. Pushpamma, P. Vimala, V. e Prameela, D. 1983, "Consumption patterns of Food Legumes in Andhra Pradesh" (Padrões de consumo de leguminosas alimentares em Andhra Pradesh), Nutrition Abstracts and Review; 53 (2); 128.

63. Rajamitra. 1977, "Some Highlights of Food Patterns of South India", Proceedings of the Nutrition Society of India, 18; 39.

64. Ramachandar, P.R. Biswas, S.R. and Srinivas, V.R. 1983, "Consumption pattern of Vegetables by Salaried class in India", Indian Journal of Nutritional Dietetics, 20; 350.

65. Ramachandran, K. 1993, "Poor Women Entrepreneurs", Lessons from Asian Countries, Small enterprise development, 4; 46-48.

66. RameswariSarma, K.V. e PrahladRao, N. 1992, "Strengthening Nutrition Programmes for Women", Instituto Nacional de Nutrição, Hyderabad.

67. Rani, C. 1994, "Call letter for training programme on promotion of women entrepreneurs", NISIET, Hyderabad.

68. Rao, V.K.R.V. 1978 "Purchasing Powers determinant of Food intake", Proceedings of Nutrition Society of India (23); 12-20.

69. Restat, M. 1984, "Islandybinestar familiar, enfoarie Parala extension Y desarrollo do estos programmes in la instrumentation de las strategies para el largo de saludparatodos et al.,2000., (pan American Health organization, Washington D.C) C.F. Piwaz and Viteri, Food Nutrition Bulletin, 7:7.

70. Restow e Edna, G.1964., "Conflicts of accommodation Daedalus", Journal of American Academy of Arts and Sciences, primavera, 119.

71. Rosenweig, M. e Schult. 1982, "Market opportunities, genetics endowment and intrafamily resource distribution", child survival in rural India, American Economic Review, 72; 803-815.

72. Roy e Kapur 1975 "Community Health Education Concepts of Community work, Vikas Publishing Co., 78-79.

73. Shanti Ghosh. 1981, "Longitudinal study of the survival and outcome of a birth cohort", Relatório da Fase I de um projeto de investigação, Safdarjung Hospital, Nova Deli, 2.

74. Sellita. 1964, "Técnica de Entrevista - Investigação Social Editora Mogarth, 25.

75. Shatrugna, V., Sagar e Sujatha, T. 1993, "Women's work and health implication, Abstracts of Plenary lectures and symposia, National Institute of Nutrition, Hyderabad, 17-18.

76. Thimmayamma, B.V.S. Jyothi, S.P. Moye, 1973., "Effect of Socio-economic differences on the dietary intake of urban population of Hyderabad, Nutrition Review and Abstracts, 33 (6); 145.

Printed by Books on Demand GmbH, Norderstedt / Germany